NF文庫
ノンフィクション

本土空襲を阻止せよ！

従軍記者が見た知られざるB29撃滅戦

益井康一

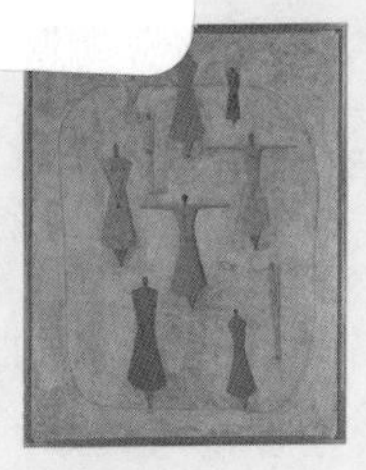

潮書房光人社

まえがき

無気味なサイレンのひびきに乗って、私たちの頭上に出現したボーイングB29爆撃機の、キラキラ輝く巨大な翼は、いつまでも日本人のまぶたの底に、強くこびりついて消えようとしない。

成都とマリアナからB29を飛ばして、焼夷弾と原爆で、日本を焦土にしたアメリカ戦略爆撃集団の指揮官は、カーチス・E・ルメイという少将であった。

彼の名は、日本人にほとんど知られていないが、彼は第二次世界大戦中に、ボーイングB17でナチ・ドイツを、そして、その兄貴分のB29で日本をたたきつぶした、爆撃王である。

ルメイ戦法の特色は、何よりも強烈な、無差別絨毯爆撃であった。アメリカ統合参謀本部は、B29による対日爆撃を、日本本土上陸の準備作戦と考えていたが、ルメイ少将は、「日本本土に上陸しなくても、B29の爆撃だけで日本は屈伏する」と、うそぶいていた。

B29と爆撃王ルメイは、どのような経過をたどって、日本人の頭上に飛んできたか。そうして、B29を撃滅するために、日本軍が中国大陸で、そして本土で、どのような苦戦を展開したかを、秘録としてまとめたのが本書である。

私（著者）は、昭和十八年一月に、毎日新聞特派員として、中国大陸戦線に派遣され、B29戦略爆撃集団の行動をつぶさに追ってきた。本書は、当時の私の記録を中心にまとめたものであるが、戦時中にわからなかった点は、終戦後から今日に至る間に調査して、付け加えた。

また、史料価値を残すために、当時の記録はできるだけ原文を使うことにつとめたが、長すぎたり、漢字制限などの関係でやむを得ないものは、私が現代用語に書きなおした。しかし、「支那」をはじめ、当時の軍の呼称や、地名などは、特に当時のままとした。文中に登場する人物は、全部実名である。中国の地名、人名は難読のものが多いので、最小限度にとどめた。

なお内容の正確さを期するために、当時の関係者の方々の話と、防衛庁防衛研修所戦史室発行の「湖南の会戦」および「本土防空作戦」を、参考資料にした。ここに謝意を表する次第である。

昭和四十六年八月

益井康一

本土空襲を阻止せよ！——目次

第三章　B29戦略爆撃集団、成都に出現

第四章　B29を撃滅せよ

第五章　B29、マリアナに現わる

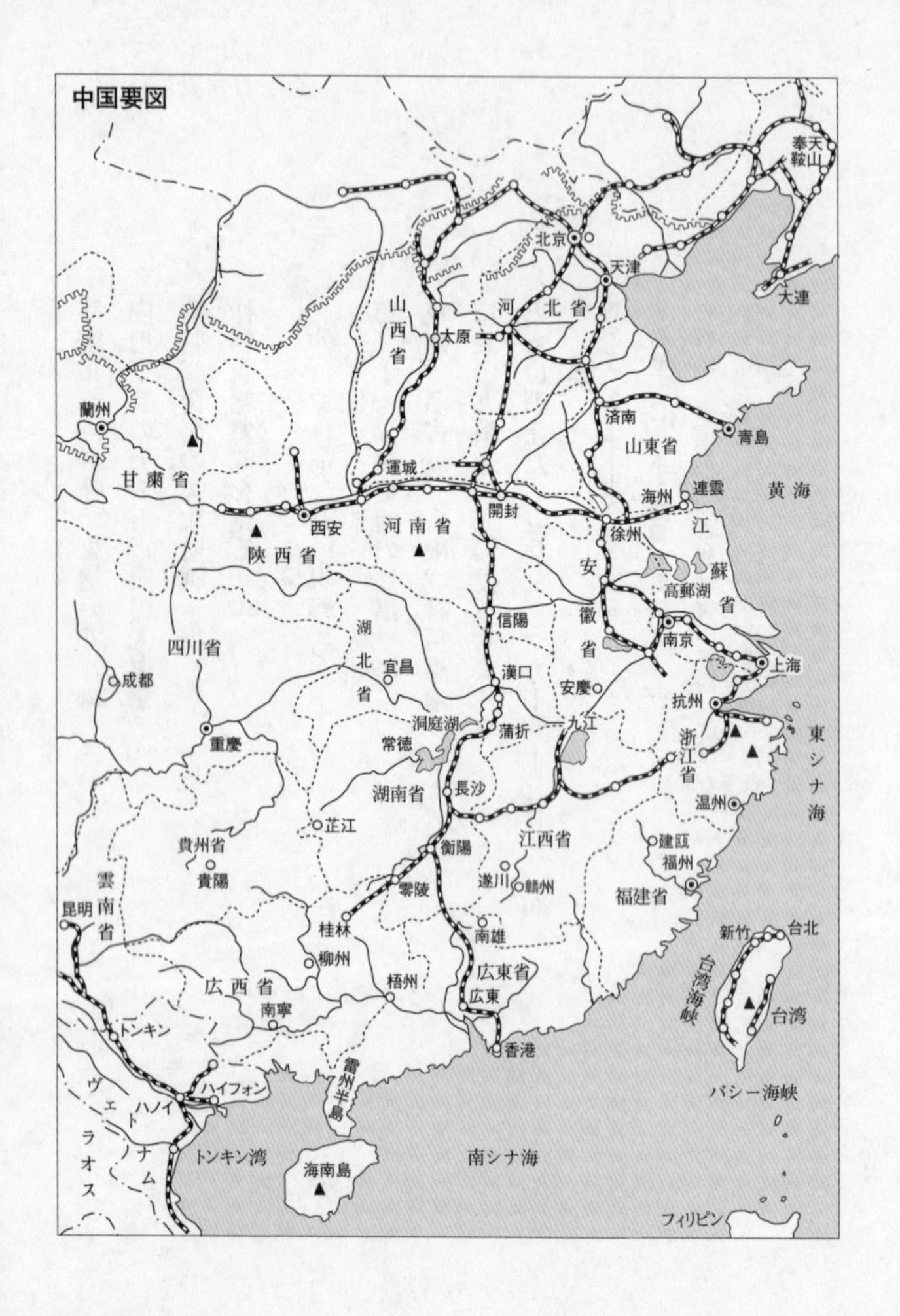
中国要図
奉天
鞍山
北京
天津
大連
山西省
河北省
太原
蘭州
済南
青島
山東省
甘粛省
運城
海州
連雲
黄海
開封
西安
河南省
徐州
江蘇省
陝西省
安徽省
高郵湖
信陽
南京
湖北省
四川省
宜昌
上海
漢口
安慶
成都
杭州
洞庭湖
九江
重慶
蒲圻
常徳
浙江省
東シナ海
長沙
湖南省
温州
芷江
建瓯
貴州省
衡陽
江西省
福州
貴陽
雲南省
零陵
遂川
贛州
福建省
昆明
桂林
南雄
新竹
台北
柳州
台湾海峡
広西省
梧州
広東省
広東
台湾
南寧
トンキン
香港
雷州半島
ハイフォン
バシー海峡
ヴェトナム
ハノイ
ラオス
トンキン湾
海南島
南シナ海
フィリピン

本土空襲を阻止せよ！

——従軍記者が見た知られざるB29撃滅戦

第一章　シエンノート一家の登場

日本本土の初空襲

日本本土の上空に有史以来、初めて「敵機」が出現した日は、一九三八（昭和十三）年の五月二十日だった。ちょうど中国大陸戦線の日本軍が、徐州を占領した翌日であった。

その日、午前四時、中国空軍のマーチンB10双発爆撃機（米国製）が、熊本、宮崎両県の上空に侵入して、「日本労働者諸君に告ぐ」と題した反戦ビラをまいた。しかし、これは、本当の意味の空襲ではなかった。

日本が初めて空襲をうけたのは、一九四二（昭和十七）年の四月十八日であった。この日、午後零時十五分、忽然（こつぜん）と東京に出現し、銃爆撃をくわえた白い星の翼、米空軍の双発中型爆撃機ノースアメリカンB25の編隊は、川崎、横須賀、名古屋、四日市、神戸、和歌山をも攻撃して、洋上にかけ抜けていった。日本軍による真珠湾攻撃が行なわれてから、百三十二日目のことであった。

この空襲は、まさに一瞬の出来事であった。爆撃の煙が上がり、高射砲がとどろいても、目撃者はみんな本物の空襲とは思わず、防空演習ぐらいに見ていた。神戸では、川崎造船所や三菱造船所のある兵庫港方面で、パッと黒煙が上がったかと思うと、双発の黒い機影が二つ、三つ、超低空でサッと海上はるかに消え去ってしまった。その直後に高射砲がとどろいて、空襲警報のサイレンが高鳴った。すべては、後の祭りであった。

B25空襲部隊の指揮官は、米陸軍第十七爆撃連隊のジェームス・H・ドゥリットル中佐であった。この空襲は、真珠湾の報復と、日本海軍を牽制するために行なわれたものである。B25は空母から発進した。日本近海に接近すると危険だから、空母はできるだけ遠距離から爆撃機を飛ばし、空襲部隊は日本を爆撃後、中国大陸へ着陸する作戦計画を立てた。

そのために、航続距離が長くて速度が速いB25を選んだ。

〔B25の性能〕（日本陸軍航空本部調査）

製作＝ノースアメリカン航空機会社
機種＝中型爆撃機、双発、中翼巣葉、三輪式引込脚、三枚プロペラ
乗員＝五人
全幅＝二〇・五八メートル、（全長）一五・九六メートル、（全高）四・八一メートル、
（翼面積）五六・七平方メートル
発動機＝ライトサイクロンGR—2600—9

馬力＝離陸一七〇〇、公称一五〇〇×2
燃料＝四二〇〇リットル
速度＝最大：三九六五メートルの高度で四九六キロないし五二〇キロ、巡航：三六六〇メートルの高度で三九二キロ
上昇時間＝毎分五七〇メートル
上昇限度＝七七五〇メートル（実用）
航続距離＝巡航一九三五キロ、最経済速度で四八六〇キロ
武装＝前方七・七ミリ機銃一、後上方一二・七ミリ機関砲二、後下方一二・七ミリ機関砲二
爆弾搭載量＝最大一〇一〇キロ
発表年度＝一九三九年

空母ホーネット艦上のドゥリットル中佐（中央左）と爆撃隊員

このときの日本空襲は、米海軍の作戦であったから、本来、海軍機を使うべきであった。にもかかわらず、陸軍機のB25を選んだのは、B25の性能がこの作戦に、ピタリと合ったからであった。

警戒厳重な日本本土を、通り魔のように襲って、逃げこむ先は中国大陸である。日本に最も近いところは、揚子江河口南岸の浙江省だ。浙江省の重慶軍（蔣介石軍）航空基地といえば、麗水と衢州の二ヵ所だ。東京から麗水までは、約二三〇〇キロである。これに太平洋上から東京までの距離が加算されるが、Ｂ25の航続距離であれば、なんとかやれる。

ドゥリットル隊のＢ25十六機を積んだ第十八機動部隊の空母ホーネットは、四月二日、サンフランシスコを出港した。そして、四月十三日、アリューシャンとミッドウェーの中間の北太平洋上で、ハルゼー中将の率いる第十六機動部隊（空母一、重巡二、駆逐艦四、油槽船二）と出合った。

そこで、ハルゼー中将の指揮下に入り、東京を目指した。ハルゼー中将は、旗艦の空母エンタープライズで指揮をとった。

四月十日、日本海軍は日本本土はるか東方海上の北緯二八度、東経一六四度のあたりに、米機動部隊が出現したことを探知した。本土空襲必至とみて、厳重な警戒体制をしいた。

ハルゼー艦隊を発見したのは、日本海軍の哨戒艇、第二十三日東丸（艇長、中村盛作兵曹長）だった。

『敵空母二隻発見、わが地点、犬吠埼の東六〇〇マイル』

第二十三日東丸は、北緯三六度、東経一五二度一〇分から緊急電を飛ばした瞬間、撃沈された。四月十八日午前六時三十分（東京時間）のことだった。

ハルゼー中将は、日本空襲を四月十八日の夜に予定していたが、日本の哨戒艇に発見されたので、急いで予定を変更した。そして午前八時、ドゥリットル隊に発進命令を下した。北緯三五度二六分、東経一五三度二七分、東京の東方約一〇〇〇キロの海上だった。

ドゥリットル中佐以下八十人が乗るB25十六機は、悪天候をついて、空母ホーネットを飛び立っていった。それを見送ったハルゼー艦隊は、フルスピードで後退した。

史上初の日本空襲は、こうして行なわれた。各地の死者は約五十人、負傷者四百数十人、被害家屋三百五十戸だった。

第二十三日東丸の飛電をうけた日本の連合艦隊は、台湾近海にいた第一航空艦隊に攻撃命令を発したが、間に合わなかった。陸海軍ともに、敵の空襲を四月十九日と判断していたため、まんまと虚を衝かれたかたちとなった。

日本空襲を終えたドゥリットル隊十六機のうち、一機は東京から日本海に抜けて、ウラジオストックに逃げ、ソ連に抑留された。十五機は東シナ海に出た。

目指すは中国大陸だが、夜間飛行になり、燃料不

ホーネットから発艦するドゥリットル隊のB25

足で上海南方の浙江省寧波付近と、江西省の南昌付近にバラバラになって不時着した。

さいわい麗水飛行場にたどりついたものも、重慶軍の連絡不十分のため、日本機と間違えられて地上砲火を浴びせられる始末だった。

結局、不時着のため、五人が事故死を遂げた。また、寧波と南昌で日本軍に捕えられたものが、八人いた。このうち一人は病死し、三人は処刑された。

しかし、ドゥリットル中佐以下大部分のものは、重慶軍に救われて米本国に帰還することができた。

ドゥリットル隊の日本空襲が日本国民にあたえた精神的影響は、絶大なものがあった。日本軍のマニラ占領（同年一月二日）、シンガポール占領（同年二月十五日）以来、大東亜戦争緒戦の戦勝に酔いしれて、提灯行列にうつつをぬかしていた日本国民に対して、頭から冷水をブッかけたようなものであった。

この空襲がきっかけとなって、鉄兜と防空頭巾が、片時も手放せないものになり、バケツリレーの防空訓練が、全国の隅々まで行なわれるようになった。

一方、日本海軍は、ハルゼー艦隊をとり逃がして、無念の涙をのむと同時に、〝江戸の敵をミッドウェーで討つ〟敵艦隊撃滅論が火花を散らすようになった。

その揚句、米ソ遮断、北辺防備のためのアリューシャン攻略を含むミッドウェー作戦が立案されて、陸軍を引きずっていった。

奉勅　軍令部総長　永野修身

山本連合艦隊司令長官に命令

一、連合艦隊司令長官は、陸軍と協力し

「ミッドウェー」及び「アリューシャン」西部要地を攻略すべし

この「奉勅命令」が発せられたのは、その年の五月五日だった。これがやがてミッドウェー海戦の惨敗と、アッツ島の日本軍守備隊全滅の悲劇を生み出した。

一方、中国大陸では同年（昭和十七年）五月十五日、「支那派遣軍」によって、「浙贛（せっかん）作戦」（浙江省、贛はその西隣りの江西省のこと）が開始された。つまり、ドゥリットル隊の日本空襲は、重ねてこの方法による空襲が行なわれる可能性を示した。裏返していえば、わざわざ機動部隊を使わなくても、中国大陸から発進して日本を空襲し、ふたたび大陸へ逃げて帰ればよいのだ（後年のB29による日本空襲は、この方式を実施した）。

浙江省には麗水ほか一ヵ所、江西省には遂川（すいせん）、瑞金、新城、広昌、玉山、信豊、贛州（かん）、吉安など十四ヵ所の敵航空基地があった。米軍機がこれらの基地を空母代わりに使って空襲したら、日本本土はひとたまりもない。

そこで、こうした基地群の破壊と敵要地の占領を目的として、大陸戦線の日本軍――すなわち上海地区の第十三軍（登）と、武漢地区の第十一軍（呂）が、東西から浙贛鉄道沿線の重慶軍をはさみ撃ちにしたのが浙贛作戦だった。

これより先、大本営は南方戦線が景気のよいうちに、重慶（蔣介石政府）を屈服させようと考えた。昭和十七年四月上旬、大本営が支那派遣軍総司令官、畑俊六大将に示した「支那事変処理」の腹案の中には、重慶進攻作戦の実施がとり上げられていた。

ところが、ドゥリットル隊の日本空襲があったために、予定を急に変更して、浙贛作戦を先に実施した。その後、米軍が反攻を開始し、同年の八月七日、ガダルカナルに上陸したため、重慶攻めどころではなくなり、重慶作戦はついに中止となった。

浙贛作戦は同年の九月に終わった。その結果、浙江省の要地、金華、蘭谿、武義が日本軍によって確保された。このため敵は、その付近の麗水、衢州の両基地を使用することができなくなった。

重慶爆撃にルーズベルト怒る

「大東亜戦争」は「支那事変」の延長戦であった。少なくとも日本陸軍は、そうした考えに立っていた。だから南方戦線における日本軍の緒戦の成功をみて、中国側がガクンときたとき、大本営は一気に蔣介石政府の所在地、四川省重慶を攻略せんとした。一九三七（昭和十二）年以来、踏みこんでヌキさしならぬ「支那事変」の泥沼から足を洗うためには、そうせざるを得なかったのだ。

しかし「支那事変」以来、主作戦場だった中国大陸戦線は、大東亜戦争突発後は支作戦場になっていた。重慶を占領したとしても、大東亜戦争の勝利は、もはや中国戦場では求められなくなっていた。

昭和十八年の二月末、支那派遣軍にあたえられた『大陸命第七五七号』（大本営陸軍部命令）による基本任務は、次のようなものであった。

「支那派遣軍総司令官ハ現占拠地域ヲ確保安定シ、且為シ得ル限リ対敵圧迫ヲ継続シ、敵ノ継戦企図ノ破摧衰亡ニ任スルト共ニ、在支敵空軍ノ活動ヲ封殺スヘシ」

そのころ支那派遣軍は、すでに十三個師団をさいて、南方戦線に送り出していた。その代わりに現地で新設した師団もあった。総兵力は一方面軍、六個集団軍、二十五個師団（一戦車師団を含む）、十二個旅団（一騎兵旅団を含む）に、軍直属部隊と一飛行師団をくわえて、約六十二万人であった。

馬は約十三万頭、自動車約一万八千両、集積した弾薬は約二十個師団分、しかし、車両の燃料はわずかに八ヵ月分しかなかった。

これに対して敵の重慶軍（蔣介石軍）の総兵力は、約二百九十八個師団、二十四個旅団、他に騎兵十四個師団、四個旅団で、約三百万人にのぼっていた。そして、その兵力をつぎの戦区に配置していた。

第一戦区（黄河南岸、洛陽、潼関、西安地区）司令長官、蔣鼎文

第二戦区（山西省）司令長官、閻錫山

第三戦区（浙贛鉄道を中心とした安徽、浙江、江西、福建の各省）司令長官、顧祝同
第四戦区（広西省）司令長官、張発奎
第五戦区（河南省南部、湖北省北部、安徽省西部）司令長官、李宗仁
第六戦区（宜昌西方地区）司令長官、陳誠
第七戦区（広東省）司令長官、余漢謀
第八戦区（陝西、甘粛、寧夏各省）司令長官、朱紹良
第九戦区（江西、湖南両省）司令長官、薛岳

このほかに、中国北部には毛沢東の中国共産軍（第十八集団軍および新編第四軍）の正規兵約二十三万と、民兵約六十万がいた。

昭和十八年の秋における重慶政権（蔣介石政府）の抗戦力に対する日本の判断は、つぎのとおりであった。

世界情勢判断（昭和十八年九月二十五日、大本営政府連絡会議）

重慶ノ抗戦建国ノ目的ハ、外国勢力ヲ排除シ、其ノ領土及主権ノ完整ヲ計ルニ在リ。而シテ帝国ニ対シテハ、主トシテ米英戦力ニ依ル日本ノ屈伏ヲ冀求シ、少クトモ支那事変前ノ態勢ニ復帰スルコトヲ期シツツ、自ラハ概ネ防勢ヲ持シテ戦力ノ消耗ヲ回避シ、此ノ間、為シ得ル限リ自力更生ノ策ヲ講シテ、戦後ニ於ケル自主的地位ノ確立ヲ図ルヘシ。

重慶戦争遂行能力

一　継戦意志ハ相当ニ鞏固ナリ。人的資源豊富ナリ。

二　蔣ノ地位ハ、尚鞏固ニシテ、其ノ政治力未タ衰ヘス。

三　軽兵器及食糧ノ自給可能ナリ。

四　軍隊ハ装備劣等ナルモ、現状程度ノ戦闘ニ支障ナシ。

在支米空軍ハ、漸次増強ノ趨勢ニ在ルヲ以テ、之カ活動ハ軽視ヲ許ササルヘシ。

このころ、中国陣営の中には、恐るべき変化が起こりつつあった。「装備ハ劣等ナルモ……」というが、太平洋戦争の突発とともに、重慶軍が着手した近代的軍政、軍令体系の確立と、優秀な米式装備を有する近代軍への改編は、ちゃくちゃくとその成果を挙げていた。

中国の抗戦根拠地は、重慶、成都を中心とする四川省にあった。米国から送りこまれる「援蔣物資」は、インドから雲南省の首都、昆明に空輸されて、昆明から各地に輸送されていた。

日本軍以上に優秀な装備をもった地上の〝米式重慶軍〟と、米国製の飛行機に乗った重慶空軍の誕生にもまして警戒されたのは「在支米空軍」の出現だった。昭和十七年までは、日本軍が大陸戦線の制空権をにぎっていたが、翌年の下半期からは、大陸の制空権が量的優勢をほこる米空軍の手にうつったのである。

だから、昭和十八年の十一月から十二月にかけて行なわれた日本軍の常徳（湖南省）進攻作戦と、翌十九年の「一号作戦」(大陸縦断作戦)は、敵機の跳梁下に、惨憺たる地獄図絵を現出した。

それればかりでなく、成都基地から発進したB29によって、日本本土大空襲の幕が開くのである。

ドゥリットル隊による日本空襲計画が米海軍作戦部で考え出されたのは、一九四二(昭和十七)年一月だと伝えられている。しかし、米国が中国大陸からの日本空襲を考えはじめたのは、大東亜戦争以前のことである。そして、その使命を果たすために、中国大陸の戦場で生まれたのが、米陸軍第十四航空軍であった。

当時、日本側は大本営も政府も、新聞報道も、すべて第十四航空軍のことを「在支米空軍」と呼んでいた。「在支米空軍」は第二次世界大戦中、特異な存在だった。それは、この部隊の前身が、私的な〝義勇空軍〟だったからだ。

「在支米空軍」育ての親は、蔣介石総統の米人軍事顧問として重慶にいたクレア・シエンノート少将である。だから「在支米空軍」は、通称「シエンノート航空隊」とも呼ばれた。この部隊がどうして生まれたか——経過をたどってみよう。

ルーズベルト米大統領は、一九三七(昭和十二)年七月七日に突発した「支那事変」を、日本の〝中国侵略〟だと断定した。日本軍は中国の首都・南京を占領(同年十二月十三日)し、つぎに翌三八(昭和十三)年十月二十七日には、武漢三鎮(漢口、漢陽、武昌)を占領した。これより先、蔣介石政府は揚子江上流の奥地、四川省重慶に逃げこんでいた。さすがの日本軍も、重慶までの追撃は不可能だった。

蔣介石政府は重慶に腰を据えて、〝長期抗戦〟を構えた。そこで日本軍は、漢口飛行場を基地にして重慶爆撃を開始した。〝重慶定期〟の主役は、日本海軍の九六式陸上攻撃機だ。

海軍機による第一回の重慶空襲は、その年の二月十八日だった。日本海軍の発表によると、重慶空襲は昭和十三年に三次、翌年に十三次、昭和十五年に四十六次と行なわれ、しだいに回数が多くなった。日本陸軍航空隊は昭和十三年の十二月二十六日から、重慶爆撃を開始した。

在支米空軍を育てたクレア・シエンノート少将

〝重慶定期〟のコースは、揚子江をさかのぼって一路西南に進む。日本軍の最前線、宜昌上空を過ぎると、黄色い揚子江も澄み切った青色に変わる。眼下は剣を植えたような鋭い高峰だ。白雲の下に白く泡立って岸をかむ激流が、大蛇のように蜿々とくねっていく。古来、有名な「三峡の嶮」だ。天をつく峰と峰の間に、白い昼の月がかかっている。まさに四川省は、天然の大要塞だ。

先行する偵察機から爆撃隊あての無電が飛びこむ。

『重慶飛行場群、敵影なし』

重慶付近には五つの飛行場があるが、青天白日のマークをつけた中国空軍の戦闘機は、一機も立ち向かってこない。

重慶の街は、揚子江とその支流の嘉陵江の合流点にそそり立つ断崖の上にある。霧の晴れ間に見ると、縞目のように道路が浮かんでいる。日本の爆撃隊は、いつもながら白昼ゆうゆうと爆撃を繰り返して、引き揚げていった。

この重慶の惨めさを聞いたルーズベルト米大統領は、日本軍にたいする怒りを激しく燃やした。

中国に〝空飛ぶ虎〟部隊出現

ルーズベルト米大統領は、一九四〇（昭和十五）年の九月二十七日、日独伊三国同盟が締結されたころから、〝中国空軍によって、日本本土を空襲させたい〟と考えるようになったと伝えられている。それは、日本を牽制すると同時に、長期抗戦でヘトヘトに疲れ果てた、中国の士気を高揚するためであった。

蔣介石総統の軍事顧問クレア・シエンノート大佐（当時）は、ルーズベルト大統領の意を体して、重慶で日本爆撃作戦を練りはじめた。

ところが、そのころの中国空軍は、とうてい日本空襲などの能力はなかった。そこで、シエンノート大佐は中国空軍の育成とは別に、米人の義勇空軍を組織した。それは一九四一（昭和十六）年初めのことだった。

義勇空軍というのは、私設の〝雇われ空軍〟のことだ。その中には中国空軍の教育に当たっていた米空軍の退役飛行士もおれば、米本国から物好きに、わざわざ応募してきた民間の職業飛行士もいた。腕に覚えのある連中だけに、中国空軍よりもはるかに強い〝私設空軍〟ができあがった。

殴りこみ専門の「フライング・タイガーズ（空飛ぶ虎）」部隊は、こうして生まれた。〝シエンノート一家〟の店開きである。しかし、〝シエンノート一家〟が実際に動き出すまでには、相当時間がかかった。その間にも、日本海軍の重慶空襲は続行された。

「フライング・タイガーズ」のカーチスP40戦闘機

昭和十六年には、五月三日から九月二十八日までの間に、三十二次にわたる重慶爆撃が行なわれた。とくに八月中旬から同月末までの爆撃（第二十六次～第三十次）が最も激烈を極めた。この時の記録によると、延べ二千四百機が、一万五千個の爆弾を投下した。

「ロイター通信」の重慶特派員は、「直径十メートルの円内に平均五発の爆弾が落ちた」と打電した。「ニューヨークタイムズ」の重慶特派員は、「市民は一日のうち二十二時間を、防空壕内で釘づけとなった」と報じた。

重慶だけでなく、四川省成都や、梁山その他の重要基地にも、日本機の波状攻撃がつづけられた。しかし、日本海軍による重慶爆撃は、同年九月二十八日が最終回となった。日本海軍航空隊は、その日の重慶爆撃を最後にして、中国大陸戦線から姿を消した。と思うと、その年の十二月八日に、大東亜戦争が突発した。ここで中国大陸戦線は〝裏戦場〟となった。

「フライング・タイガーズ」の一匹狼たちは、カーチスP40戦闘機に飛び乗って、ヒマラヤを越えた。そして、英空軍のおかかえ義勇空軍となってビルマ戦線に出没し、日本軍と戦った。その後、ほどなく中国戦線に引き揚げてきた。そして雲南省昆明(こんめい)を根拠地にして、対日作戦を練っている間に、ドゥリットル隊が日本を空襲したのだ。

「フライング・タイガーズ」が、中国戦線で初めて日本軍に挑戦してきたのは、昭和十七年の五月で、浙贛作戦の最中だった。彼らは揚子江筋に出没して、日本の砲艦や輸送船などを狙って、銃爆撃を加えてきた。

しかし、当時はまだ機数も少なく(日本軍の推定ではP40戦闘機三、四十機)、ゲリラ戦しかできなかった。

そこで米国は「フライング・タイガーズ」を、同年の七月に正式に米陸軍航空部隊に改編した。フライング・タイガーズ改め、第二十三追撃隊(戦闘隊)となった。第二十三追撃隊は、当時、インドに進出していた米陸軍第十航空軍(司令官・ビッセル少将)の指揮下に入った。

ほどなくB25爆撃隊も、中国戦線に入ってきた。毎月、十機ないし二十機ずつ、戦闘機が増強された。義勇空軍からスタートした「在支米空軍」は、こうして大きく育っていった。その作戦根拠地は、雲南省昆明で、ここから広西省桂林に進出して、広東地区を狙った。また、別の一隊は湖南省零陵や衡陽に前進して、揚子江筋に出没した。攻撃目標は日本軍の列車、船舶などで、日本軍地上部隊としては被害が拡大するにつれて、心理的な打撃が深刻になっていった。

一九四二（昭和十七）年の十月、シエンノート隊長は中国大陸の基地から日本を空襲して、東京、名古屋、神戸、大阪を焦土にする作戦を立てた。彼の作戦は爆弾よりも焼夷弾を使って、日本の〝木と紙の家〟を一気に焼き払うことを原則にした。彼の作戦を効果的にするために、米本国では油脂焼夷弾を開発した。

第二十三追撃隊は、一九四三（昭和十八）年三月十日、ふたたび米陸軍第十四航空軍に改編された。育ての親のシエンノート隊長が少将に進級して、司令官に任命された。第十四航空軍はインドに司令部を置く米陸軍第十航空軍から離れて独立し、中国、インド、ビルマ派遣米陸軍総司令官スティルウェル中将の指揮下に入った。スティルウェル中将は、連合国東南アジア派遣軍総司令官マウントバッテン英海軍大将の指揮下にあった。

当時の米陸軍航空軍の配置は、つぎのとおりであった。

第一～第四航空軍　米本土
第五航空軍　オーストラリア

第六航空軍　パナマ運河
第七航空軍　ハワイ
第八航空軍　英本土
第九航空軍　シリア
第十航空軍　インド
第十一航空軍　アラスカ
第十二航空軍　北アフリカ
第十三航空軍　ガダルカナル
第十四航空軍　中国
第十五航空軍　ニュージーランド

第十四航空軍は編成当時、戦闘隊の第二十三追撃隊（隊長ハロウェ大佐）と、B24の第三〇八爆撃隊（隊長ビーベ大佐）、そのほかにP38中隊、B25の独立爆撃中隊をふくんでいたが、その後、しだいに人員と機数がふえていった。

九九双軽の建甌定期

在支米空軍（第十四航空軍）の主力は、戦闘隊はP40、P38、また爆撃隊はB24、B25であった。昭和十八年五月八日現在の航空兵力は、戦闘機百五十四機、また爆撃機は二十機となっていた（わが第三飛行師団の調査による）。

在支米空軍によく狙われたのは、船舶と列車だ。揚子江筋の船の被害は、ことのほかひどかった。南京～漢口間の大型客船はもとより、発動機船さえも、米空軍は見のがさなかった。大別山脈の雲の中からP40が飛び出してきては、急降下爆撃で五十キロの小型爆弾を甲板にぶちこんだうえ、掃射をする。これにやられると、たいていの船は、揚子江の濁流にのまれてしまった。ときには輸送船がやられて、多人数の日本軍部隊が揚子江に沈んでしまうようなことさえあった。

このほか漢口～岳州間の列車を爆撃したり、上海～杭州間の列車を攻撃したり、日本軍のトラック隊を焼いたりして、暴れまわった。

このため日本軍の士気は低下するし、中国の民衆は、日本軍を見くびるようになった。そこで支那派遣軍は、第三飛行師団に命じて、在支米空軍の撃滅戦を開始することになり、第三飛行師団の戦闘部隊である第一飛行団は、漢口基地で航空作戦を展開した。

だが、そのころ（昭和十八年五月現在）の一飛団の兵力は、〝隼〟（一式戦闘機）をもった飛行第二十五戦隊と第三十三戦隊、それに九九式双軽爆撃機隊の第九十戦隊があるだけだった。当時、一個戦隊は三個中隊、また一個中隊は十二機編成だったから、第一線機は戦闘機四十八機、軽爆撃機は二十四機程度しかなかった。実働機数は一個中隊で九機も出動できればよい方だった。

昭和十八年の大陸戦線は、広東のわが第二十三軍が広州湾のフランス租借地に進駐するために、二月に雷州半島で上陸作戦を行なった。また、第十一軍は二月から三月にかけて、洞庭湖の北の揚子江三角地帯の江北地区に進攻し、五月から六月には、洞庭湖の西北地区と、揚子江の宜昌地区で夏期進攻作戦を展開した。

米空軍は、この戦場にP40、P38、B25、B24を飛ばして、重慶軍を援護し、日本軍をなやませた。

そのころ、台湾海峡に近い福建省の建甌(けんおう)、龍巌(りゅうがん)や、江西省の玉山、贛州(かんしゅう)、遂川、新城の敵航空基地の拡張工事が急速に進められていた。中国の重慶軍地区には、百四十四ヵ所にのぼる飛行場があった。その中から、とくに福建、江西両省の基地だけを選んで、滑走路の拡張を急ぐ目的は、いったいどこにあるのか——それは日本本土空襲のためだと、わが大本営は判断した。日本にもっとも近い建甌から、北九州の八幡までは一四二〇キロ、大阪までは一八四〇キロ、東京までは二二四〇キロだ。

在支米空軍の四発の重爆コンソリデーテッドB24の性能は、つぎのとおりだった。

翼長三三・五五メートル、全長一九・二メートル、全高五・七九メートル、乗員六〜九人、武装は機銃三、一三ミリ機関砲十門、爆弾積載量四トン、最大速度四八〇キロないし五四〇キロ、行動半径は、五〇〇キロ爆弾を積むと二三〇〇キロ、一トン爆弾では二一〇〇キロ、一トン半の場合は一九〇〇キロ、二トンでは一六〇〇キロ、二トン半では一四〇〇キロ、四トン積めば八〇〇キロつまり、建甌からB24を飛ばすと、東京以西は爆撃圏内に入ることになる。そこで第三飛行師団は、福建、江西の敵基地を絶えず爆撃して、米空軍に使わせないようにする作戦を開始した。その中でも爆撃回数が多かったのは、建甌だ。

在支米空軍が使用した四発重爆コンソリデーテッドB24

漢口飛行場の朝まだき、建甌偵察をおえた新司偵（一〇〇式司令部偵察機）が帰ってきたかと思うと、こんどは第九十戦隊のピストがあわただしくなって、九九双軽が編隊をつくって「建甌定期」に飛び立ってゆく。一時間ぐらいたつと、第三飛行師団の特情班が、建甌基地の緊急無線を傍受する。

「日軍機、来襲、滑走路ニ数発被弾セリ。全場使用不能——」

建甌を警備する重慶軍の無線通信が、日本機の空襲でうけた損害の状況を後方基地へ連絡し、救援を求めている。それがそのまま特情班のレシーバーに入るので、わが爆撃隊の戦果が、手にとるようにわかった。

こうして滑走路に大穴をあけておけば、建甌は使えない。したがって、日本は安全だということになるが、九九双軽の五〇〇キロ爆弾の穴ぐらい、敵は中国人労働者の人海戦術で、わけなく埋めてしまう。

翌朝、新司偵が偵察にゆくと、爆撃の跡はケロリとなおっている。そこでまた双軽が飛びだす。敵はまた埋める、ということを、敵味方とも何十回、何百回となく繰り返した。

一方、戦闘隊は漢口から第二十五戦隊、武昌から第三十三戦隊が湖南省衡陽、零陵に殴りこみをかけて、米空軍と死闘をつづけたが、昭和十八年の六月中旬には雨期に入って、休戦状態となった。そして、雨期あけを待って、その年の七月二十三日から、中期の航空作戦を開始した。

大本営は、この時にビルマ戦線から第八飛行団（九七式重爆撃機隊）を抜いて、第三飛行師団の指揮下に入れた。九七重は双発の旧式機で、性能は、米空軍の軽爆B25よりも劣るが、とにかく九七重なら、一トン爆弾を抱いていくことができる。九九双軽の二倍の威力があるわけだ。

中国戦線の基地から爆撃行に飛び立つ九九双軽（著者撮影）

中期作戦開始当時の第三飛行師団の編成表は、つぎのとおりであった。

第三飛行師団
（師団長・中薗盛孝中将）

第一飛行団
（団長・今西六郎少将）
- 第二十五戦隊（一式戦闘機二個中隊）漢口（坂川部隊）
- 第三十三戦隊（一式戦闘機三個中隊）武昌（渡辺部隊）
- 第九十戦隊（九九双軽二個中隊）漢口（三木部隊）
- 第十六戦隊（九九双軽三個中隊）漢口（甘粕部隊）

第八飛行団
（団長・森本軍蔵少将）
- 第六十戦隊（九七重二型三個中隊）武昌（花本部隊）
- 第五十八戦隊（九七重二型三個中隊）漢口（坪内部隊）
- 第六十五戦隊（二式戦闘機三個中隊）白螺磯（山本部隊）

衡陽爆撃、火だるまの九七重

重爆の直援戦闘隊として、初めて大陸戦線に出現した二式戦は、新鋭戦闘機〝鍾馗〟のことである。〝鍾馗〟は旋回性能よりも、高速と強力武装に重点を置いた〝一撃離脱戦法〟の重戦闘機で、ずんぐりした機体である。中島飛行機製で、千四百五十馬力、時速六〇〇キロの高速を出した。もともと防空戦闘機だったので航続距離が短いのが、大陸戦線では不向きだったが、とにかくこの新機種が、米空軍にとって脅威となったのは事実であった。

第三飛行師団の戦闘機部隊は、武漢基地群（漢口、武昌など）に集結した。第三飛行師団の各部隊は、〝隼〟という秘匿名を用いていた。隼第二三七〇部隊は第三飛行師団司令部のことで、また、隼第二三七三部隊は、第一飛行団司令部であった。

炎熱が燃えるような昭和十八年七月二十三日、第十六戦隊の勝又中隊長指揮の九九双軽八機が漢口を飛び立ち、午前九時三分、建甌上空に進入した。そして、対空砲火をくぐりながら滑走路を爆撃して、大穴をあけた。昭和十八年中期作戦の幕が切って落とされたのだ。

勝又中隊が建甌めざして東南に進路をとっているとき、地上の敵地区では、わが軽爆隊の進行方向に点々として、のろしが上がった。村落から村落へと〝日本機来襲〟を告げるリレー式の速報だ。

これは中国戦線特有の〝ネットの眼〟であった。ネットの眼は、地上でも大空でも、つねに日本軍をなやましつづけた抗日民衆組織のことである。たとえば日本軍が地上を行動すると、その動静はすぐに数十キロ先の村落にまで伝わってしまう。こうした諜報網の基礎は、保甲組織であった。保甲組織というのは、周代にはじまった小単位の民間自治制度で、警察や民兵組織まで兼ねていた。戦時下に実施された日本の隣り組は、保甲組織をとり入れたものである。

保甲組織が諜報網となって、民衆のだれかが日本軍の動静をつねに監視している。航空戦の場合には、防空監視哨となる。日本軍機が接近すると、保甲長がのろしを上げる。それを見たつぎの村落の保甲長が、リレー式にのろしを上げていく。

こんな組織のある地上に不時着することは、死を意味する。米空軍の飛行士は、よくパラシュートで飛び降りる。彼らはネットの組織に救われ、基地に帰ることができるからだ。これは米空軍にとって、絶対有利な条件であった。

中国の米空軍基地は、地域的に大別すると、つぎのとおりであった。

一、中南部基地群――桂林を中心とする柳州、南寧（以上、広西省）、南雄（広東省）、建甌、龍巌（以上、福建省）、遂川、贛州、玉山、新城（以上、江西省）、衡陽、零陵（以上、湖南省）などの基地群

二、西南部基地群――昆明を中心とする雲南駅（以上、雲南省）、貴陽（貴州省）、その他の基地群

三、北方基地群――成都を中心とする梁山、太平寺、新津、白市駅（以上、四州省）、老河口、恩施（以上、湖北省）、西安、漢中、安康（以上、陝西（せんせい）省）などの基地群

昭和十八年の段階では、主として中南部と西南部基地にシエンノート航空隊が出現したので、わが第三飛行師団の航空作戦も、その地区に焦点をしぼって展開された。なかでも中期作戦のヤマ場は、湖南省衡陽の攻撃であった。

大陸の上空を飛ぶ二式戦闘機〝鍾馗〟（著者撮影）

漢口~衡陽間はわずかに四三〇キロ、飛行時間は五十分ぐらいだ。衡陽は滑走路の幅五〇メートル、長さ一二〇〇メートル、戦闘機本位の前進基地だが、米空軍はここに優勢な戦闘隊を集結して、隼部隊の本拠、武漢基地をつぶしにかかった。そして、彼我双方の殴り込みが入り乱れて、敵味方とも大きな損害を出した。

私は、報道班員として昭和十八年七月三十日、衡陽爆撃に向かう第六十戦隊の九七式重爆に同乗した。同乗機の機長は小野二三男中尉だった。

朝九時三十分、武昌を離陸した花本戦隊二十七機が、戦隊長機を頂点として、快晴の空にみごとな三角陣を組んだ。私は、操縦席の小野中尉の横にすわっていた。洞庭湖が一枚の鏡のようにきらめくころ、頭上近くに日ノ丸の翼も鮮やかな隼(一式戦)戦闘隊が、宙を泳いでいるのに気がついた。直援戦闘隊だ。

高度八〇〇〇メートル、九七重としては最大限の高度だ。みんな酸素マスクをつけた。温度が下がって、メモもできないほど指先が凍った。

「攻撃準備……」

無線電話のレシーバーに、花本戦隊長の命令がひびいてきた。

午前十一時十五分、眼下に巨大な怪魚アカエイのような衡陽飛行場が、赤い土の素膚をむき出している。

右に、左に、私たちの足もとに、音もなく黒い煙のかたまりが、クラゲのようにパッパッと開いていくのは、敵の高射砲の弾幕だ。

「攻撃開始……」

隣りの九七重の腹の下がポッカリ口を開いて、黒い鉄魚のような爆弾がばらばら落ちていくのが、風防ガラスを通してありありと見える。

瞬間、私の乗機は、ゆらゆらと傾いた。頭上で、前で、足もとで、後ろで、機内の機銃がいっせいに火を噴いたからだ。米空軍のカーチスP40戦闘機が八機、右側の白い雲の中から、いきなり攻撃をかけてきた。私の乗機の機首の外を、青色の美しい煙が、音もなく細い一線を引いて、スイスイとしきりに流れる。敵機の機関砲弾の激しい弾道だ。怖いとも、なんとも思う余裕のない、無感覚な瞳で見る不思議な美しさであった。

と、右の上空から私の眼前を、さっと斜めに切りそいで、左下方へ黒い一線を引いて、かけ抜けていった首の長い青黒い機影が、一つ映った。まぎれもないP40だ。私の乗機をねらったが、攻撃をかけ損なったのだろう。

それを追って隼が銀線を描いていくと、また、その後から別の首の長い機影が、隼を追っていく。頼みの綱の直掩戦闘機は、一機も私たちの頭上にいなかった。老朽のわが九七重戦隊は、P40にもてあそばれている。

P40の火線は、青い毛糸を投げつけてくるように、相変わらず横に、縦に、私の眼前を激しく流れている。ふと左の側方を眺めた私は、すぐ隣りで赤い炎につつまれながら、沈んでいく僚機があるのを見つけた。二つのエンジンから、真っ赤な炎を噴き上げている。

やがて火だるまになった胴が日ノ丸のところから折れてケシ飛び、裂け口から乗員の黒い影が二つ、三つ、猛裂な勢いで空中に吹き飛ばされていった。この一瞬に見た炎は、青いガラスのような大空をバックにして、ふつうの赤さには見られない壮厳な透明さをもっていた。それはどんな名画にも見出すことのできない、神秘的な美しさだった。

やがて花本戦隊は、どの機もおびただしい敵弾の跡をとどめて、あえぎ、あえぎ、武昌にたどりついた。撃墜されたのは、さいわい一機にとどまったが、この帰還機の痛ましい姿は、わが爆撃隊の力の限界を示すものであった。昼間爆撃は、もはや不可能に近かったのだ。

第三飛行師団長、撃墜さる

昭和十八年の八月末、第三飛行師団は、戦闘司令所を漢口から広東に移した。それは米第十四航空軍の本拠であり、インド・中国空輸路の基地として、重要な役割を果たしている雲南省、昆明の東飛行場と南飛行場、それに雲南駅北飛行場と南飛行場を爆撃するためだった。ここを攻撃するには、広東またはハノイを基地にしなければならない。

漢口〜南京〜上海〜台北を経由し、一番機は第三飛行師団長・中薗盛孝中将（鹿児島県）、二番機は参謀長・吉井宝一大佐、三番機は私たち報道班を乗せ、九月九日の午後三時ごろ、広東の天河飛行場にすべりこもうとした。輸送機は三菱航空機製のMCであった。

ところが、一番機と二番機が広東西方一二キロの珠江上空で、運悪く出合い頭に米空軍の新鋭戦闘機ロッキードP38（ライトニング）三機に、ぶっつかってしまった。双発双胴の怪物P38の前に、一梃の機銃さえ持たないMCは、あまりにも惨めだった。参謀長機は、とっさに超低空でバイアス湾の山かげに回避することができた。報道班の三番機はだいぶ遅れていたので何事もなかったが、無残なのは、つかまった師団長機だった。

意地悪く両側にP38が一機ずつ付きそい、あとの一機が猫がねずみをもてあそぶように、頭上から攻撃を加えた――と、地上の目撃者は語っていた。

師団長機は、火を噴いて珠江の中洲に墜落した。中薗師団長以下、作戦参謀の宮沢太郎中佐（静岡市）、情報参謀の高田増美少佐（熊本県）、副官の緒方大尉ら全員が黒焦げ死体となって発見された。墜落前に、機内で敵弾をうけ、全員戦死したとのことであった。

中薗師団長らの戦死は、同年の十月十九日、陸軍省から発表されたが、その年の四月十八日には、連合艦隊司令長官・山本五十六大将が、一式陸上攻撃機に乗ってラバウルからブーゲンビルへ飛行中に、P38に撃墜されて戦死している。このようにP38は、日本陸海軍の航空部隊にいやな思い出を残した。

中薗師団長戦死後は、先任の第一飛行団長・今西少将が師団作戦の指揮をとったが、全軍の士気の消沈ぶりは覆うべくもなかった。そのころ、ケベック会談にもとづく対日反攻がビルマ戦線で激しくなり、昆明の在支米空軍もビルマに出現し、さらにインドシナ、ハノイ、ハイフォンまで、毎日のように爆撃に出てきた。

第三飛行師団はこれを迎撃しながら、九七重で昆明や雲南駅を攻撃したが、味方の損害も大きかった。隼戦闘隊の第三十三戦隊などは、渡辺戦隊長以下十四人（六十パーセント）、また、第二十五戦隊も七人（二十五パーセント）の戦死者を出したくらいであった。

暗い気分のうちに、広東の航空作戦は十月初旬に終わりをつげた。これで昭和十八年の大陸航空作戦は幕を閉じた。冬は密雲が立ちこめて、航空作戦ができないからだ。

第二十五戦隊長の坂川敏雄少佐は、広西省桂林の米空軍前進基地が急速に拡張され、地下格納庫もでき、東洋一の航空要塞と化して日本空襲をねらっていると、桂林攻撃のさいの目撃談を語っていた。

また、吉井参謀長は、つぎのように語った。

「在支米空軍のなやみは、補給難だ。飛行機は飛んできても、燃料、弾薬の補給が追いつかない。そのおかげで日本軍は助かっている。大陸戦線では、絶えず米空軍を攻撃することが絶対必要だ。そのまま捨てておくと、シエンノートはすぐ日本空襲を計画するからだ」

坂川隼戦闘隊

「落としても、落としても、あとから、あとから敵機はふえてくる。空しい努力のようだが、我々は今日も、明日も、敵機を落とすよりほかに手はない。大本営は〝在支米空軍の戦意は薄い〟と宣伝しているが、これは誤りだ。私は、敵の戦意は非常に盛んだと感じている。油断のならん相手だ」

——漢口基地に帰った第二十五戦隊長の坂川敏雄少佐（兵庫県）は、愛犬「チビ」の頭を撫でながら、こういった。ガッチリと引きしまった短身と、あごの張った四角な顔は、陽焼けしてたくましかった。

漢口基地から出撃する第25戦隊の一式戦〝隼〟（著者撮影）

加藤隼戦闘隊は「軍神、加藤」の名で有名だったが、坂川隼戦闘隊は加藤と並ぶ実績がありながら、ほとんど知られていない。その原因はいろいろあろうが、太平洋戦線の悪化で、陸軍省も坂川戦隊の顕彰などに構っておれなくなったこと、つぎに坂川戦隊長の最期があまりにも非運であったことによるところが多いだろう。

在支米空軍とわが隼部隊との決意は、実質的にシエンノート一家の大黒柱、ビンセント大佐（第十四航空軍桂林前進隊長）の戦闘隊と、坂川隼戦闘隊の決闘であった。主力機種からみれば、カーチスＰ40戦闘機と中島飛行機製の〝隼〟の格闘戦であった。Ｐ40も〝隼〟も、ともに第二次世界大戦の初期に主力戦闘機として出現し、その後も改造型で終戦時まで活躍した息の長い戦闘機だ。

太平洋戦争突発のとき、パールハーバーで日本機を最初に撃墜したのは、Ｐ40Ｂ型〝トマホーク〟（インディアンの戦闘用の斧）である。シエンノート司令官が、中国で初めて義勇空軍「フライング・タイガーズ」（空飛ぶ虎部隊）を組織したときの戦闘機も、〝トマホーク〟だ。

P40は、〝世界一がんじょう〟な戦闘機だといわれた。重量もあり、サッと突っこんで一撃離脱するには、もってこいの戦闘機だった。シエンノート一家の空の暴れ者は、P40の機首にフカの顔をえがいて、得意になったものである。

飛行第二十五戦隊の前身は、独立飛行第十中隊だ。山西省の太原にいたとき、中隊長の高月光大尉のアイデアで、九七式戦闘機の脚を赤く塗った。重慶軍はこれを「紅脚戦闘隊」と呼んで、恐れたということである。太平洋戦争のはじめに広東に前進して、香港攻略戦に参加し、啓徳飛行場を攻撃して英空軍の大型機二十四機を撃破した。その後、シエンノート一家が出没しはじめたので漢口に移り、昭和十七年六月、「独飛十」改め、飛行第二十五戦隊となった。そして、明野陸軍飛行学校教官の坂川敏雄少佐が、初代の戦隊長に就任し、機種も〝隼〟になった。

昭和十八年七月二十五日、湖南省の宝慶と芷江の敵基地に、隼部隊が戦爆連合で攻撃をかけたところ、その日のうちにビンセント大佐が率いるB25、P38、P40の戦爆大編隊が漢口飛行場を報復攻撃した。このため軽爆一機と練習機一機、輸送機二機が炎上、死傷者十数人を出した。立腹した坂川戦隊長は、僚機三機をつれて衡陽上空で敵の編隊に追いすがり、P40二機、P38一機を撃墜した。P38の性能と武装は〝隼〟よりもすぐれていた。それを初めて大陸戦線で射止めたことは、隼戦闘隊に大きな自信をあたえた。

翌七月二十六日午前十時ごろ、ビンセント戦闘隊は、ふたたび漢口へ奇襲をかけてきた。坂川戦隊は敵機の爆撃と掃射で空中勤務者二人と、整備兵八人が即死し、負傷者多数の大損害を出した。この報復のために、また、こちらから衡陽へ殴りこみをかけるという有様で、空の果たし合いは、ますますエスカレートした。

南方戦線の航空戦は量的決戦だったが、裏戦場の中国戦線では、むしろ質的決戦となった。在支米空軍の戦闘隊が優秀だったことは、飛行経歴が平均八百時間以上であったのをみてもわかる。坂川隼戦闘隊も甲班が八百時間以上、乙班は二百八十時間以上であった。だから敵味方ともに、飛行時間がわずかに数十時間のものまでもかり出した南方戦線とは違った腕のさえが、そこに示されるのであった。

飛行第25戦隊を率いた坂川敏雄少佐

坂川戦隊長は射撃の名手だった。そして、果敢な闘志と統率の妙で、第二十五戦隊は大陸航空決戦で大きな戦果を残した。昭和十八年の中期航空作戦（七月～十月）では、P40三十六機、P38七機、P43二機、B24八機、機種不明一機、合計五十四機を撃墜している。

第二十五戦隊の損害は撃墜、未帰還をふくめて八機だった。昭和十九年二月十七日付で第三飛行師団長の下山琢磨中将から、第二十五戦隊に対して感状が出たが、それによると、昭和十八年七月から

〝コンソリ撃墜王〟尾崎中和中尉

十九年二月までに敵機百十数機を撃墜破している。

坂川戦隊には優秀な部下がたくさんいた。第二中隊長・尾崎中和大尉（水戸市）は、撃墜十九機（B24六、P40九、P38二、その他二）の個人戦果をあげ、〝コンソリ撃墜王〟と呼ばれた。〝コンソリ〟というのは、四発の重爆コンソリデーテッドB24のことだ。坂川戦隊長は、「尾崎は、加藤軍神を中隊長にしたようなものだ」と評した。

第三飛行師団の昭和十八年中期航空作戦が終わった十月六日――広東から軽爆隊を援護して、江西省遂川基地を攻撃した坂川戦隊は、名パイロット細野勇中尉（岐阜県）を失った。細野中尉は昭和十四年のノモンハン戦争の当時、九七式戦闘機に乗り、ソ連軍のИ16戦闘機二十一機を撃墜した記録の保持者だった。

彼の上官の第二中隊長、尾崎中和大尉のその日の日記によると――。

「爆撃終了後、高位から約八機の敵が攻撃して来た。細野は第一撃奇襲を受け、発動機に受弾し、滑油を噴き出した。僚機小松軍曹がぴったり近付いてみると、細野は天蓋を開き、小松に決別の敬礼を為し、ラジオにて『こちら細野、細野、只今九時二分……自爆する……

天皇陛下万歳、陸軍戦闘隊万歳……』と叫んだる後、右降下旋回に入ると共に機首を下げ、高度約千より贛州東方約三十キロの河中に垂直に突入……」とある。

その尾崎大尉は昭和十八年十二月二十七日、江西省遂川飛行場をわが爆撃隊が爆撃したとき、援護に出動した。そして敵戦闘機三十余機と交戦し、P51一機を撃墜したが、尾崎機も傷ついた。そこで僚機に攻撃をかけたP40に体当たりして、自爆した。支那派遣軍総司令官・畑俊六元帥は、昭和十九年二月八日付、感状を出したが、陸軍省は同年三月二十五日、尾崎大尉が二階級特進して中佐に進級したことを発表した。

もっとも非運だったのは、坂川戦隊長自身であった。坂川戦隊長は昭和十九年の秋、フィリピンへ転属を命ぜられ、輸送機で赴任の途中、バシー海峡で敵機に撃墜された。

坂川戦隊長は日ごろ、

「戦闘機乗りは、たとえ落とされても自分の腕が拙いのだから、あきらめがつく。しかし、爆撃機や輸送機に同乗して、まきぞえを食って落とされるのは、かわいそうだ。死んでも死にきれんからなあ……」

といっていた。その心情を想うとき、

名パイロット細野勇中尉

坂川隼戦闘隊——後列中央は三井（当時清野）英治准尉

運命の非情さが感じられる。

結局、坂川隼戦闘隊の空勤者の生き残りは、奥村中尉、金井少尉、三井（当時清野）准尉の三人になってしまった。

三井英治准尉（山形県）は、昭和十八年五月から十月までの間にB24一機、P40三機、P43一機、合わせて六機を撃墜した。そして、昭和十九年十二月二十三日、米空軍が漢口に来襲したとき、P51一機を撃墜したところ、背後から奇襲をうけ、敵弾十発を機体にぶちこまれたが、左足に盲管銃創を負っただけで、運強く助かった。

三井英治氏は、内閣官房調査室第一部第四班長として活躍された。

「第二十五戦隊の戦闘機隼は、正式にいうと一式戦闘機（機体番号キ－43）で、最初は一型だったのが、昭和十七年六月、二型になり、翌年六月には三型になった。一型、二型の武装は七・七ミリの機銃が二梃、機首に装備されていた。プロペラは三枚で、最高回転は毎分三千八百回転、その間をぬって弾丸が飛び出した。

しかし、この武装では敵機が落とせなくなったので、三型から二〇ミリ機関砲を両翼にとりつけた。機首の機銃も、翼砲も、みんな三〇〇メートルで照準が合うようになっていた。隼は二式戦の鍾馗より旧式だが、施回性能にすぐれて航続距離が長かったので、中国戦線では、かえって威力を発揮しました」

当時、第二十五戦隊の武装整備に当たった井上正彬（まさあき）少尉（東京都品川区）は、こう語っている。

第二章　内地空襲防止の一号作戦

在支米空軍、新竹に第一撃

中期航空作戦が終わるころ、中国大陸の空は冬の様相を示しはじめた。厚っぽい灰色の雲がベッタリと張りつめて、航空作戦には不向きのシーズンだ。冬が去ると、すぐ雨期がおとずれる。ビルマの雨期は三月から六月まで、中国の南部は四月から七月まで、中部と揚子江上流の四川省成都、重慶地区の雨期は、五月中旬から六月中旬までだ。

隼航空気象班は、米空軍が中国大陸から日本本土を空襲する時期は、空が澄み切って気象条件がいちばんよい七、八月ごろだろうと予測していた。だが、気象上だけでは判断できない、いろいろな問題点があった。

その証拠に米空軍は、悪天を衝いて盛んに出没しているではないか。在支米空軍の出撃数は昭和十八年十一月に百十八回（延べ五百十三機以上）、同年十二月には百三十二回（延べ八百三十三機以上）、天候が最も悪かった翌年一月でも三十回（延べ百五十九機以上）に達した。

とくに警戒されたのは、しだいに出撃機数がふえていることだ。これは在支米空軍の増強を物語るものであった。では、いったい、在支米空軍の飛行機はどのようなコースで、米本国から中国に空輸されるのか――これを説明するのによい材料がある。

昭和十八年九月十五日、在支米空軍のP40戦闘隊が武漢地区に来襲したときのことだ。漢口基地の第二十五戦隊の〝隼〟がP40を四機撃墜したが、そのうちの一機に乗っていた米第二十三追撃隊のハミズ・パイク中佐（三十一歳）が武昌に不時着して、日本軍に捕まった。パイク中佐は、日本軍の調べを受けて次のように語った。

「在支米空軍の飛行機を、米本国から中国に空輸するルートは、米国からカリブ海を飛び越え、ブラジルのナタールに着く。そこからアフリカ仏領のダカールに向かい、さらにインドのカラチを経て、ニューデリー南方のアグラに出る。アグラからヒマラヤ山脈南麓のアッサム地方のチンスキヤに飛ぶ。ついでヒマラヤを越えて、八〇〇キロ隔てた中国雲南省の昆明、雲南駅、揚街などの各基地に着く。ただしB24などの大型爆撃機は、アグラから直接、二三〇〇キロ隔てた昆明に飛ぶ」

米空軍の出撃があまりにも激しくなったため、第三飛行師団は昭和十八年の中期航空作戦を終わった翌日から、新しい航空撃滅戦を展開した。攻撃目標は、日本空襲の発進基地となる可能性が最も強い中国東南部の遂川、吉安（江西省）、建甌（福建省）、衡陽（湖南省）、桂林、丹竹（広西省）、南雄（広東省）などに向けられた。

主目的は滑走路や飛行場施設を破壊して、使用を不可能にすること、同時に在地機を破壊し、空中戦によっても敵機を撃墜し、敵の航空戦力を撃滅することだ。敵はいくら被害をうけても、たちまち復旧するから、繰返し、繰返し、たたかなければならない。

だが、米空軍を完全に封じこめることは、とうてい不可能であった。

そのうちに昭和十八年の十一月二十五日——台湾の新竹海軍航空基地が、白昼、在支米空軍の奇襲をうけて、日本海軍の中型陸上攻撃機二機と、戦闘機二機が撃墜され、また、在地機十三機（中攻）炎上、戦死二十五人、負傷二十人を出した。在支米空軍は、着陸中の中攻百五機をねらってきたのだ。日本軍が撃墜した米軍機は三機で、まんまとしてやられた形となった。

これこそ、シエンノート少将の第十四航空軍が初めて行なった〝日本空襲〟だった。そして、この新竹空襲がきっかけとなって、その翌十九年、日本の支那派遣軍および南方軍の総兵力五十一万対百万の重慶軍ならびに在支米空軍が凄絶な死闘を展開する、日本の戦史上空前の大作戦となった「一号作戦」（中国大陸縦貫作戦）が突発したのであった。

新竹の空襲は、台湾軍の発表によると「敵機はB25を主力とする戦爆連合約二十機の編隊で、発進基地は中国大陸の遂川」であったが、これは正確でない。漢口の第一飛行団司令部の確報では、「敵機はB25十四機、P38、P51戦闘機各十二機で、桂林から遂川に出て新竹を空襲し、超低空攻撃を加えた」のである。

遂川の米空軍基地は、市街の東北にあった。滑走路は南北二〇〇〇メートル、東西四五〇メートル、中規模の前進基地だった。桂林から遂川に出てくると、B25のような中型爆撃機や戦闘機でも台湾の空襲は簡単であるし、東シナ海や漢口〜南京間の揚子江筋で、日本の船舶を攻撃するにも都合がよい。

新竹空襲の報に地団太ふんで口惜しがった一飛団の遂川殴りこみは、激烈を極めた。敵はそれを尻目にかけて、昭和十八年十二月二十三日には、広東をB24二十九機、P40、P51二十機で襲ったりした。

ところで、十一月二十五日の新竹初爆撃に参加した米空軍の爆撃隊員のなかに、カール・K・キャノンという二十五歳の軍曹がいた。彼の本職は、フィラデルフィア市の地方新聞社のカメラマンだった。米空軍の召集をうけて、入隊後はニューヨークのライフ社で報道写真撮影の教育をうけた。そして、第十六写真中隊に配属せられた。その後、インド経由で中国に送りこまれ、第十四航空軍の第十一爆撃中隊付になった。

彼は新竹爆撃のとき、B25に同乗して映画を撮影した。翌年（昭和十九年）一月十日、遂川からB25に乗った。そしてB25三機、P40八機の編隊で、漢口〜南京間の揚子江筋九江付近の日本軍の船舶攻撃に出た。彼の乗機は、彼が爆撃状況を機上からアイモで撮影中、日本軍戦闘機に撃墜された。機長以下四人の乗員は全部死んだが、彼だけは右手を骨折しただけで、奇跡的に助かった。そこで日本軍の捕虜となったが、キャノン軍曹は新竹爆撃について、つぎのように説明した。

「十一月二十五日、われわれの部隊は桂林（広西省）基地から遂川に前進して、台湾の新竹を空襲した。このときにはB25十四機を主力とし、P38、P51戦闘機各十二機が戦爆連合で編隊をつくった。

新竹では超低空攻撃を行なった。私はB25の機上から、アイモで日本機一機が地上で炎上するのを撮影した。高度は五〇フィートないし二〇〇フィートであった」

B29の巨大なまぼろし

ところで、「在支米空軍、新竹来襲」の報に、わが大本営は痛烈なショックを受けた。中国大陸からの日本本土空襲が、もはや実行の段階に進んだものと受けとったからだ。

そして、その不安に結びつくものは、B29という、巨大な空の怪物のまぼろしだった。

大東亜戦争開戦前、日本陸軍は米国がB29およびB32という、長距離爆撃機を設計中であるとの情報を入手していた。しかし、その後、情報がとだえたため、いつしか忘れてしまって、昭和十七年の末ごろには、むしろボーイングB17「空の要塞」対策に追われていた。

当時としては、対独爆撃に猛威を発揮していたB17が、いつかは対日爆撃にくるであろう、と予想したからだ。

ふたたびB29のことを思い出したのは、昭和十八年の春であった。それは外電や外国の雑誌で、「その年の二月十八日に、シアトル付近で、ボーイング新型爆撃機がテスト飛行中に墜落した。そしてそれがB29であった」ことを知ったからだ。また、二月二十一日リスボン

発の同盟電は、

『米陸軍航空部隊司令官アーノルド中将が、二月二十日、中国から米国に帰り、重慶で中国を基地とする対日空襲計画を協議したと発表した』

と伝えた。この二つのニュースを結びつけてみると、いやな予感がした。そこで陸軍航空本部では調査班をつくって、B29の性能を調査したが、情報が少なく、結局、

「中翼単葉四発、全備重量約四〇トン、二〇ミリ機関砲四ないし六、機関銃数不明、爆弾正規四・五トン、最大馬力二千五百馬力、四個」

だけしかわからなかった。

昭和十八年六月になると、つぎのようなドイツ軍情報が入ってきた。

米国機種別生産数

B17、B40二百五十機、B29五十機、B24四百五十機、B25四百機、B26三百五十機、B24百機、P40二百五十機、P51、A36五十~百機、P47三百五十機、P38百八十機

(以下省略)

ドイツ情報によると、米国の生産能力は、月産合計三千五百八十五機ないし三千六百三十五機で、一九四四年の生産予定数は、十万機とあった(この数字が正しいか、どうかはわからなかった)。

ヨーロッパ戦線では、その年（昭和十八年）の九月八日、イタリアが無条件降伏をして、ナチス・ドイツだけが最後の抵抗を試みていた。そのドイツに対して、凄絶きわまる絨毯爆撃を加えていたのが、米空軍の「空の要塞」ボーイングＢ17とコンソリデーテッドＢ24の爆撃隊だった。

対独爆撃に猛威を振るった〝空の要塞〟ボーイング B17

だからＢ29は、ドイツ爆撃用のものかもしれないという説もあった。ドイツから日本に送られてきたイギリスの航空雑誌に、

「Ｂ29は現在英本土に二十機あり、試験飛行中で、一九四四（昭和十九）年早春から第一線に使用されるであろう」

との記事が載っていたからだ。

米国に、Ｂ29をヨーロッパで使う考えがあったのは事実であった。昭和十八年の春ごろまではその予定だったが、その後、対日攻撃用に変更したのだ。

わが参謀本部は、Ｂ29が対日空襲のため、中国大陸に出現することもあり得ると判断していた。そして、昭和十八年の年末ごろの考えとしては、Ｂ29は中国方面では四川省の重慶、成都地区および広西省の桂林、柳州地区、また、太平洋方面ではウェーク島を基地として、日本本土を空襲するであろうとみていた。ウェーク〜東京間は約三〇〇〇キロだ。B29でも実際には爆撃できないが、当時、それほどまでに、B29の性能が過大評価されていた。源田実海軍軍令部員さえも、「B29はミッドウェーから、日本本土を空襲するだろう」といっていたくらいである。ミッドウェー〜東京間は、四〇〇〇キロもある。B29をかいかぶるにもほどがあるが、当時としては無理もないといえよう。

これよりさき、大本営は昭和十八年九月、作戦方針を根本的に変更する決心をしていた。そのころ最北端のアリューシャン方面では、アッツ島とキスカ島が米軍に奪われていた。また最南端では、ガダルカナルから反攻を開始した米軍がニューギニアのラエ、サラモアに上陸を開始(同年九月四日)していた。大本営の考えかたは、南東太平洋方面の戦いでできるだけ時間を稼ぎながら、航空兵力を中心とする陸海戦力の充実をはかっていく。そうして新しい戦略態勢をとって、米英の反攻に対決するというものであった。

その結果、打ち出されたのが「絶対国防圏」設定の構想である。一口にいえば、戦線を収縮して国防圏だけは絶対に確保する——というのであった。その範囲は千島、小笠原、内南洋からニューギニア西部を経て、スンダ、ビルマをつらねる環域だ。

マリアナ諸島は当然、絶対国防圏にふくまれていた。東京の南方二五〇〇キロにあるこの島は、B29による本土空襲を防止するためには、あくまで確保しなければならない重要地点であった。しかし太平洋方面の作戦は、海軍の担任となっていた。海軍が軽視したことによって、マリアナ諸島の防備はとり残された形となった。

中国大陸戦線にたいする一般方策には、変更はなかった。大本営は絶対国防圏を固めるため、支那派遣軍から十個師団の精鋭を抜き出すことに決定した。このため支那派遣軍は、戦力の大半を失うことになった。

中国大陸縦貫作戦の大構想

大本営はこの発令に先だって、支那派遣軍総参謀長・松井太久郎中将を東京に招いた。そして作戦指導の方策を説明し、兵力の転用について、つぎのように伝達した。昭和十八年十月七日のことである。

一、支那から第三十六師団（十月にオーストラリア北部に転用する予定）のほか五個師団（第三、第十三、第二十二、第三十二、第三十五の各師団）を、今年末から逐次、南東、南西方面に転用するとともに、別に五個師団（第二十六、第三十七、第三十九、第百四の各師団および戦車第三師団）を明春、現地に集結して、大本営の総予備とする。

二、右にともない、支那に独立歩兵旅団八個を新設するとともに、一般歩兵中隊の定員を五十名ずつ増加する。

大本営が転用を指示した兵力は、最も精強な野戦師団で、支那派遣軍は文字どおり骨抜きにされたといっても過言ではなかった。転用兵力の内容をみると、人員約十五万人、馬約一万五千頭、自動車千九百余両、火力装備では重機関銃七百四十梃、迫撃砲九十門、連隊砲八十八門、野砲、山砲級二百八十門、十榴二十四門にのぼり、さらにまた戦車師団の戦車、装甲車など千四百両ならびに野戦工兵約三十個中隊をふくんでいた。

結局、中国戦線に残る兵団は、野戦用の「甲師団」としては第百十六師団があるだけで、そのほかに守備用の「治安師団」が十四個師団、それに独立混成旅団が十一個旅団あるだけという貧弱な戦力になった。第百十六師団を除いては、みんな砲兵と輜重(しちょう)部隊を持っていなかった。いい換えると、火力と機動力のない兵団ばかりになった。

支那派遣軍の内部では、「この残存兵力では対敵圧迫を強化するどころか、現占領地域を安定確保することさえ難しい」と不満をぶちまける参謀連もいたが、総司令官の畑俊六大将は決然としていい切った。

「支那派遣軍が大東亜戦争に寄与する途は、その有する戦力を提供することか、あるいは派遣軍が大陸に占拠する地位を基礎とする行動以外には、残されていない。後者を選ぶゆえに、本年八月、派遣軍作戦計画大綱を大本営へ提出した時にも、武力によって重慶の脱落をはかり、大東亜戦争の一突破口を開こうとする趣旨を明らかにした。しかし、今回の指示は、それではなく、前者の戦力の提供である。これを前提として、後図を考えよ」

畑総司令官の命令一下、支那派遣軍は戦力の大半を提供し、残りの兵力をもって、対敵圧迫の努力を継続する方針を決定した。昭和十八年十月八日のことである。引き抜かれた十個師団のあとの穴埋めをするために、間もなく中国では日本人居留民にたいして、大規模な現地召集の赤紙がとんだ。そうして、一夜漬けの〝老兵部隊〟が訓練もそこそこにして、戦闘序列に加わった。

畑総司令官が決断を下してから四十九日目の十一月二十五日、台湾新竹に在支米空軍が来襲した。そのことは、前に述べたとおりだ。大本営としては、ガーンと脳天を一撃された思いであった。これが誘い水となって、中国大陸からの日本本土空襲がはじまるであろうことが予想され、そのうえに、B29の無気味な幻影がオーバー・ラップした。

大本営は、とりあえず満州の関東軍から戦闘隊を一個戦隊引き抜いて、中国戦線に投入し、在支米空軍基地覆滅作戦の検討を開始した。この作戦立案の主役となった大本営作戦部第二課（作戦）長・服部卓四郎大佐の考えかたは、つぎのようなものであった。

「全般戦局の指導は、絶対国防圏確保の構想にもとづいて着々と進んでいるが、日本としては、戦機をつかんで攻勢に出て、決戦をする必要がある。攻勢に転じることができる時期は、昭和二十一（一九四六）年ごろとなるであろう。そのころ一大攻勢に転じるためには、東は太平洋の諸島の線で一応敵の進攻を食い止め、西は、中国大陸を打通確保して、南方戦線に通じる交通線を確保する態勢をつくっておかなければならない。この二つの措置が確立されて、初めて日本は大攻勢に転じることができる。

北部、中部、南部に分割された中国戦線を縦貫して打通し、そして仏印（ベトナム）の南方軍との間に交通線をつくることは、有史以来初めての大作戦であるが、この大陸縦貫線の確保は、同時に、在支米空軍基地の覆滅にもなる。

大陸縦貫打通作戦は、昭和十九年中には、ぜひとも決行しなければならない」

こうして「大東亜縦貫鉄道」建設のための、中国大陸縦貫作戦の大構想が浮かび上がってきたのである。大東亜縦貫鉄道の構想というのは、釜山～奉天～北京～漢口～衡陽～桂林～柳州～諒山～仏印～バンコク～シンガポールを結ぶ蜒々じつに七九四四キロの鉄道建設計画だった。このうち新しく鉄道を敷設しなければならない区間が九〇〇キロもあったし、既設区間であっても敵が破壊して逃げるであろうから、新線建設と同じ結果になる。あまりにも雄大すぎる一種の夢物語が、当時は真剣に考えられた。

昭和十八年十一月二十八日、参謀本部第一部長・真田穣一郎少将は、支那派遣軍第一課高級参謀・天野正一大佐を東京に出張させて、戦局全般の状況を説明した。そして中国大陸縦貫作戦実施についての、大本営の意向を指示した。その要旨は、つぎのとおりであった。

米軍の反攻と海上交通破壊作戦は、明春さらに激化するだろう。この際、どうしても支那大陸を打通して、南方との交通線を確保する必要がある。これは同時に、在支米空軍基地を覆滅することにもなる。ついては、次のような趣旨のもとに支那大陸打通作戦を研究されたい。

㈠作戦の目的

粤漢（えつかん）（広東～漢口間）、湘桂（衡陽～桂林間）及び京漢（北京～漢口間）の各鉄道線を打通して、南方圏との鉄道連絡を図るとともに、右鉄道沿線要域所在の敵航空基地を覆滅して、在支米空軍の日本本土空襲を阻止する。右航空基地の覆滅には、東南支那の基地をも含める。これによって、東支那海を航行する日本船舶に対する敵空軍の攻撃を封殺する。

(二)要領

1　昭和十九年六月上旬（遅くも七月）、武漢地区から八個師団、広東地区から二個師団、仏印から二個師団をもって攻勢を開始する。そして粤漢、湘桂両鉄道を打通して、武漢から南支那へ、次いで衡陽から南西支那を経て北部仏印に貫通して、地上連絡回廊を完成する。作戦期間は約四ヵ月とし、航空協力は二個師団とする。

所要兵力は次のように考える。

（武漢地区）八個師団（第十一軍固有三、北支那から一、支那派遣軍内の運用で四）

（広東地区）二個師団（うち一は北支那から転用）

（仏印から）二個師団（第二十一師団の他、北支那から転用一）

（飛行師団）一個協力

本作戦を「ト号作戦」と称する。

2　次いで昭和十九年十一月上旬、北支那から三個師団、中支那から三個師団をもって、京漢鉄道を打通する。

本作戦を「コ号作戦」と称する。

（以上）

以上の作戦全般を総称して「一号作戦」と名づけた。

支那派遣軍はこれにもとづいて研究した作戦計画大綱案を、大本営に報告した。大本営は、その年の十二月下旬に「虎号兵棋」を催した。兵棋というのは将校に対し、戦略、戦術上の訓練を与えるために応用される将棋の競戯のことである。虎号兵棋では太平洋方面の戦略指導の方策と、中国大陸打通作戦の必要性と可能性が検討された。

その際、作戦目的としては、つぎの四項目が考慮された。

㈠ 今後において日本本土攻撃のためにB29の基地となるべき桂林、柳州をわが手に収め、本土防衛を完うすること。

㈡ 桂林、柳州付近の確保により、将来インド、ビルマ、雲南を経て、南支那方面に指向される敵の攻勢に対応する。

㈢ 海上交通が逐次不安となりつつある状況において、これら南北に通じる鉄道を補修して、仏印を経て南方派遣軍に連絡する陸上交通線を確立すること。

㈣ 重慶軍骨幹武力の破砕と総合戦果とにより、重慶政権の衰亡を策すること。

虎号兵棋を終わったあとで、さらに慎重な検討がつづけられた。その結果、翌昭和十九年一月二十日、陸軍省から一号作戦のために、支那派遣軍に増強可能な兵力と、それにともなう兵備と資材について、最終回答が寄せられた。それにもとづいて大本営陸軍部は、一号作戦の兵力規模を内定した。

その後、作戦計画が進行するにつれて、一号作戦の目的は、中国大陸から発進する日本本土の空襲を未然に防止するための在支米空軍基地の覆滅に、いちおう絞られてきたかたちとなった。それは大東亜縦貫鉄道の建設などは、工事や資材の関係上、実際には実現不可能な夢物語であることがわかったからだ。

ライター戦隊の夜間出撃

大本営の楽屋裏で、このようなあわただしい動きがうずをまいているとき、中国大陸では昭和十八年十月中旬から十二月下旬にかけて、第十一軍によって常徳(じょうとく)進攻作戦がおこなわれていた。洞庭湖西岸の湖南省常徳は、重慶の玄関口にあたる第六戦区の要地だ。常徳県城を攻略したのは京都編成の第百十六師団(嵐部隊)であったが、この部隊は途中、米空軍のP40戦闘機やB25爆撃機に襲われ、銃爆撃の火柱の中でさんざんな目にあった。

アメリカ製の武器をもった重慶第七十四軍の二個師一万と激戦の末、十二月三日、常徳県城を完全に占領したが、城内は廃墟と化していた。そのうえ米空軍の空襲が激しいので、師団司令部は一歩入城したとみる間に、きびすを返して疾風のように城外の山中に避退していった。そして全軍は直ちに常徳を放棄し、引き返した。

第三飛行師団(隼部隊)は常徳作戦に協力して、米空軍の撃滅に全力をあげた。しかし、落としても落としても、米機の数はふえた。常徳作戦のときには、大陸の制空権は米空軍の手に握られていたといってもよい。

しかし、前線の実情にうとい大本営と支那派遣軍総司令部は、来るべき一号作戦（中国大陸縦貫作戦）にそなえて、第十一軍を常徳に残そうとした。だが、それより先、第十一軍の第百十六、第三、第十三の各師団は、十二月十二日には常徳北方一二〇キロの澧水（ほうすい）南岸まで引き返していた。そして北岸へ渡ろうとしたときに、常徳をふたたび奪回せよとの命令をうけた。第十一軍司令官、横山勇中将は、米空軍に制空権を奪われた戦線の状況と部下兵団の損害をみて、自信が持てず、畑総司令官あて「今次作戦を打ち切り、明春再び新作戦を開始するよう」親電を打った。

明らかに対立である。そのままでは抗命罪に発展するかもしれない状況になったので、参謀本部から第一部長の真田少将が現地にかけつけて割って入り、結局、総司令部は常徳再占領の命令を撤回した。

飛行機乗りには　娘はやれぬ
きょうの花嫁　あすは寡婦（ごけ）
ニッコリ笑うて　プロペラまわしゃ
空には天女が　さし招く……

漢口と武昌のわが基地に集結した隼部隊のなかで、こんな歌が流行（はや）った。戦闘隊、爆撃隊、偵察隊の誰彼をとわず、空中勤務者たちはみんなこの歌を口ずさみながら、わき立つ雲の果てに消えていった。そして、そのまま帰還しないものも少なくなかった。

常徳作戦は終わっても、桂林、南雄、衡陽、遂川、建甌などの米空軍基地にたいする隼部隊の攻撃は終わらなかった。新竹空襲後、満州から中国戦線に投入された飛行第九戦隊の新鋭戦闘機〝鍾馗〟が、〝隼〟とともに敵に立ち向かっていった。

十二月三十日、軽爆隊（九九式双軽爆撃機）を援護した〝鍾馗〟と〝隼〟が戦爆連合で遂川に大攻撃をかけ、敵数十機と空中戦を展開したのが、昭和十八年の最後の舞台となった。

昭和十九年を迎えると、ビルマ戦線では、インパール作戦がクローズ・アップされてきた。一月七日、大本営は「ウ号作戦」（インパール作戦）の実施を決定した。

中国では隼部隊の〝正月攻撃〟が、一月十一日の遂川からはじまった。この日、軽爆隊は午前四時四十五分、漢口から月明を利用して、六回にわたって遂川行場に波状爆撃をくわえた。そして昼間には、〝隼〟〝鍾馗〟とともに戦爆連合の大編成で改めて遂川を襲った。やがて米空軍の〝返礼〟がきた。一月二十三日、香港がＢ25九機、Ｐ40十四機の奇襲をうけた。

ところで、シエンノート一家の在支米空軍の兵力は、昭和十八年末現在で、

戦闘機（Ｐ40、Ｐ38、Ｐ43）約百六十機

爆撃機（Ｂ24、Ｂ25）約七十機、合計二百三十機内外

と推定された。Ｂ29はまだ出現していなかった。このほかに重慶空軍が、

戦闘機（Ｐ40、Ｐ43、Ｐ66）約百五十機

爆撃機（A29）約二十機、合計約百七十機だった。しかし、P66は訓練用で、A29は旧式で使いものにならないし、その戦力は、ほとんど問題にならなかった。やはり、敵は〝シエンノート一家〟の暴れ者だ。しかも、その機数は急速にふえている。

これにくらべて、わが第三飛行師団（隼）がにぎる兵力は、戦闘部隊の第一飛行団司令部（漢口）と戦闘機二個戦隊、新司偵二個中隊、軍偵三個中隊で、合わせて約百五十機（昭和十九年一月現在）だった。

新司偵と軍偵は別として、航空撃滅戦の主役となる戦、爆の機数はわずかに百機たらずで、しかも実働機数は三分の一から、せいぜい半数ぐらいという有様であった。

大本営は一号作戦の実施にあたって、在支航空兵力は敵の三分の一を基準としていた。そこで、わが航空兵力を増強するために、昭和十九年二月十日、「軍令陸甲第八号」をもって、第三飛行師団司令部（在南京）を第五航空軍に昇格、改編した。そして二月十五日、「大陸命第九四号」を発して、五航軍を支那派遣軍の戦闘序列に編入した。新設の五航軍司令官には第三飛行師団長の下山中将が昇格し、参謀長には航空本部総務部長の橋本少将が任命された。第三飛行師団参謀長の吉井大佐は、参謀副長として五航軍に残った。

第三飛行師団が五航軍に格上げされて、どのように航空戦力が増強されたかを見よう。

まず、昭和十八年以来、満州から中国へ増援のため派遣中の、関東軍隷下（れいか）、第二航空軍の第十二飛行団（戦闘隊一個戦隊）および独立飛行第八十五戦隊（戦闘隊）、独立飛行第五十五中隊（新司偵）、独立飛行第五十四中隊（直協）、第二百七飛行場大隊のうち、第十二飛行団を関東軍に復帰させるかわりに、その他の部隊を支那派遣軍の隷下に入れた。また別に、二航軍からまわしてきていた飛行第九戦隊（戦闘隊）を、支那派遣軍の指揮下に入れた。

結局、五航軍としては、実質的には師団時代とほとんど変わらず、ただ新鋭戦闘機の鍾馗部隊の第九戦隊をにぎったのが、もうけものという程度にとどまった。

大本営は最初、五航軍にたいして戦闘隊三個戦隊、襲撃機一個戦隊、重爆二個戦隊を投入する予定だったが、太平洋の戦局が悪化したため沙汰やみになった。このため五航軍は、頭でっかちの形になってしまった。

昭和十九年の中国大陸戦線の特徴は、〝夜戦〟への全面的移行である。常徳作戦のころから、頭上に覆いかぶさる米空軍のため、わが地上軍は白昼堂々の進撃は不可能になってきた。航空部隊も例外でなかった。前の年までは、重慶にしろ、衡陽、桂林、遂川……どこの基地にしろ、戦爆連合の編隊をつくって、白昼堂々と空から殴りこみをかけることができた。ところが、米空軍の兵力が増強されるにつれて、わが軍の被害が急速にふえてきた。

行動力が鈍い重爆は、敵戦闘機にとってこよなき餌だ。九九双軽は四十五度の急降下爆撃ができ、比較的身軽だが、よほどの低空飛行をつづけないかぎり、敵機の砲火をかわすことができない。

そのうえ日本の爆撃機は「ライター」とか、「棺桶」とかのニックネームをもつほど燃えやすかった。敵機の機関砲弾を一発食らえば、簡単に火だるまになるからだ。ライターというのも適評なら、棺桶というのも、悲しいほどうがちすぎたわが爆撃機の現実だった。戦闘機は一人乗りだから、人的消耗は比較的少ない。だが、爆撃機が一機食われると、九九式双軽爆撃機でも四人、九七式重爆撃機なら七人乗り組んでいる。人的被害は、はるかに大きい。

ある日の朝九時、漢口基地から遂川爆撃に飛び立った軽爆一個中隊（九機）が、二時間後に帰ってきたときには、わずか二機に減っていた。未帰還七機、戦死二十八人という損害は、惨憺たるものがあった。こうした被害がたび重なったため、昭和十八年十一月ごろから、白昼爆撃はよほどのことがないかぎり中止された。爆撃隊がこうもりのように、夜、敵機の眼をぬすんで出撃するようになったのは、それからであった。

昭和十九年の一月から三月にかけて、第一飛行団は漢口、武昌、広東の各基地から軽爆戦隊をもって桂林、遂川、衡陽、その他の敵基地に夜間波状攻撃をくわえた。攻撃隊は飛行第九十戦隊（戦隊長・三木了中佐）と、飛行第十六戦隊（戦隊長・甘粕三郎中佐）の九九双軽だ。すばやい行動力をもつ九九双軽は月夜を利用して、新戦術の夜間爆撃を考え出した。

それは編隊の絨毯爆撃ではなく、一機ずつが長い間隔をとって波状攻撃をかける、奇襲戦法である。月明といっても満月や、それに近い月夜ではあまりに明るすぎて、敵の夜間戦闘機や地上砲火にねらわれやすい。といって、暗すぎても飛べない。レーダーのような科学兵器は、何一つ持っていなかった。操縦士の眼と、カンと、度胸で飛ぶ有視界飛行なのだ。そこで暗くもない、明るくもない程度の、三日月がかすかな光を放ちはじめる夜を待って飛ぶ。

漢口や武昌から九九双軽が一機ずつ、五分ないし十五分間隔で離陸していく。月夜を低空飛行しつづけながら、夜目に白く光る河の流れや、黒い山の形を見て航空地図と首っ引きで、めざす衡陽や遂川の上空に飛んでいく。〝衡陽定期〟は、割合い簡単だ。湘江づたいに、南西へ四三〇キロ、片道約一時間のところである。南の遂川はすこし遠いが、よく似た距離にある。

翼燈を消した九九双軽は、地上スレスレの超低空飛行で敵飛行場に進入する。そして、地上にある敵機や飛行場施設、ついで滑走路をねらって、つぎからつぎへと爆撃をくわえていく。うんと低く降下するので、わが手で投じた爆弾の炸裂のあおりをくって、危うく破片を受けそうになることさえあった。

地上の敵機や飛行場施設に焼夷爆弾が命中して燃え上がると、その火を目あてに二番手の爆撃機が飛んでいき、また別の目標を爆撃する。すると三番機がその火を目あてに突っこんでいって、新しい目標をねらって、爆弾を投下する。つづいて四番機、五番機……という順序で波状攻撃をくわえた。だから先導役をつとめる一番機の責任は、非常に重大である。そこで当然一番機のパイロットは、中隊きってのベテランということになる。

一号作戦発令さる

昭和十九年の一月二十四、五の両日は建甌（福建省）、二月五日は老河口（湖北省）、二月九日は西安、漢中（陝西省）、二月十日は遂川、二月十三日は衡陽、二月十一日は遂川と南雄（広東省）、二月十二日、贛州（江西省）、二月十三日は丹竹（広西省）、二月十八日は建甌、二月二十四日は吉安（江西省）、三月四日は遂川、衡陽、三月十一日は桂林、三月十八日は衡陽……と、しかも場所によっては、一日数次にわたる夜間、または払暁の波状攻撃が続けられた。

戦闘隊の出動もあった。当然、そこには空中戦がおこなわれ、敵味方ともおびただしい損害を出した。勝敗のカギを握るのは、補給力だけとなった。さすがの〝シエンノート一家〟も、並みたいていの苦戦でなかったようだ。隼特情班が敵機と敵基地の間でやりとりするラジオを傍受していると、ときどき、とんでもない悲喜劇がある。ある日、坂川隼戦闘隊が衡陽、零陵、桂林を同時に攻撃をかけたときのことだ。ガソリン欠乏の敵戦闘機が桂林へ降りようとすると、地上からラジオで、『日軍機来襲中』と警告する。仕方なく衡陽へ降りんとすれば、これまた『日軍機来襲中』――零陵また同じで、結局その米軍機の主は、

『あ、あ、おれはどうすればいいんだ。ヘルプ、ヘルプ……』

と叫びながら、燃料欠乏で墜落していった。

ところで、わが戦闘機や爆撃機が攻撃する直前には、漢口基地から独立飛行第十八中隊と第五十五中隊の新司偵（一〇〇式司令部偵察機）が、必ず偵察行動を起こした。実用上昇限度約一万メートル、高度六〇〇〇メートルにおける最大時速六三〇キロという三菱製の優秀なこの偵察機は、海軍の〝零戦〟、陸軍の〝隼〟とともに〝大東亜戦争〟を背負って立ったものであった。しかしながら、昭和十八年の下半期に大陸戦場に出現した米陸軍の新鋭戦闘

機ロッキードP38のために、追いまくられる形勢となった。

双発双胴の怪物P38単座戦闘機は、最大時速六五〇キロ、高高度戦闘機だ。P38のために遂川でも衡陽でも、新司偵はずいぶん食われた。

敵基地偵察に活躍した〝新司偵〟一〇〇式司令部偵察機

上空のP38――『日軍機（注・新司偵）高度九〇〇〇、我は九五〇〇……』

地上からの指揮――『オーライ、弾丸のあるだけ撃ちつくせ……』

敵の無線通話を傍受する隼特情班がハラハラするうちに、新司偵が犠牲になるのであった。

このように、第三飛行師団が全戦力を傾けて、在支米空軍の封じこめ、たたきつぶし作戦をとった甲斐もなく、昭和十九年一月十四日、B25爆撃隊がふたたび台湾を襲って、高雄と塩水の両基地を爆撃した。大陸からおこなった第二回目の〝日本空襲〟であった。

手持ちの飛行機が少ないため、粗雑になった第三飛行師団の網の目をくぐって、敵機はゆうゆうと飛び出していく。実情を知るものには、どうしようもないもののように思われた。

高雄、塩水爆撃の報に、〝日本本土空襲、目前に迫る〟――と直感した参謀本部第二部長・有末（ありすえ）精三中将は、第一部長の直田穣一郎少将にたいして、

「一月十日現在、桂林、遂川に前進している敵機は、百六十機に達するものとみられる。警戒を要す」

と情報を伝えた。

こうなっては、もはや在支米空軍基地の覆滅作戦を実施する以外に打つ手はない。こうして、一号作戦実施の時期は、スピードアップされていった。

しかし、まず、陸軍大臣、東条英機大将の了解を得ておかなければならない。服部卓四郎大佐は一月中旬、東条陸相のところへ出頭して、一号作戦の要綱を説明し、同意を得ようとした。ところが、その際、服部大佐の説明は盛りだくさん過ぎた。作戦目的として、「中国大陸縦貫打通」「在支米空軍基地の覆滅」「重慶軍を撃破して、重慶の屈服を図る」などと三本の柱を立てたところ、東条陸相はおかんむりの様子だった。そして服部大佐を、

「作戦目的が複雑すぎる。作戦目的というものは単純明快でなければならない。一号作戦の真の目的は、いったい何か？」

と、きびしく詰問した。

結局、服部大佐はカブトを脱いで、作戦目的を「在支米空軍基地の覆滅」一本にしぼり、やっと東条陸相の了解を得ることができた。

そこで参謀総長の杉山元大将は、一月十九日、天皇陛下に一号作戦計画の大綱を説明申し

上げた。引きつづいて一月二十四日、杉山参謀総長は真田第一部長を従えて、改めて天皇陛下に一号作戦実施の必要性を説明申し上げたところ、直ちに許可された。

そこで大本営は、大命伝達のため支那派遣軍総参謀長・松井太久郎中将の上京をもとめた。松井総参謀長は、高級参謀の天野正一大佐をつれて、南京から飛行機で上京した。そして三宅坂の参謀本部に出頭して、一号作戦実施の大命および杉山参謀総長指示事項の伝達をうけた。一月二十五日のことだった。

その際、参謀本部からつぎのような指示が付け加えられた。

㈠　武漢地区留守軍司令部を編成することは、差し支えない。追ってこれはなるべく速く、軍司令部に昇格させる意向である。

㈡　第三十二師団、第三十五師団は、三月末までに転用する予定につき、本作戦に使用することは考えないこと。

陸軍大臣 東条英機大将

松井総参謀長が伝達をうけた「大陸命（大本営陸軍部命令）第九二一号」「大陸指（大本営陸軍部指示）第一八一〇号」は、つぎのとおりであった。（原文のまま）

大陸命第九二一号

一　大本営ハ西南支那ニ於ケル敵空軍ノ主要基地ヲ覆滅センコトヲ企図ス

二　支那派遣軍総司令官ハ湘桂、粤漢及南部京漢鉄道沿線ノ要域ヲ攻略スヘシ
三　南方軍総司令官ハ支那派遣軍ノ右作戦ニ協力スヘシ
四　細項ニ関シテハ参謀総長ヲシテ指示セシム
昭和十九年一月二十四日

大陸指第一八一〇号
大陸命第九二一号ニ基キ左ノ如ク指示ス
一　湘桂、粤漢及南部京漢鉄道要域ニ対スル進攻作戦ノ為支那派遣軍総司令官及南方軍総司令官ノ準拠スヘキ一号作戦要綱別冊ノ如シ
二　支那派遣軍総司令官及南方軍総司令官ハ三月中旬頃迄ニ作戦計画ヲ提出スルモノトス
三　作戦準備実施ニ方リテハ勉メテ企図ヲ秘匿スルモノトス
昭和十九年一月二十四日

（別冊）一号作戦要綱

昭和十九年一月二十四日
大本営陸軍部

第一　作戦目的
一　敵を撃破して湘桂、粤漢および南部京漢鉄道沿線の要域を占領確保し、敵空軍の基地

を覆滅して封殺する。

第二　作戦方針

二　支那派遣軍は、昭和十九年晩春北支那より、夏季武漢および広東地区より進攻作戦を開始し、敵軍を撃破して黄河以南の南部京漢鉄道、湘桂、粤漢両鉄道沿線の要域を占領確保する。

三　南方軍は、支那派遣軍の作戦に協力するためビルマおよびインドシナ方面より一部の作戦を実施する。

第三　作戦指導の大綱

その一　京漢作戦

四　昭和十九年四月頃、北支那方面軍をもって北支那より作戦を開始し、敵特に第一戦区軍主力を撃破し、黄河以南の南部京漢鉄道沿線を占領確保する。

主要作戦期間は約一ヵ月半の予定。

五　作戦使用兵力の予定。

北支那方面軍

第十二軍四師団基幹

第五航空軍の一部

六　右作戦の終了後、所要の兵力を湘桂作戦に転用する。

新占領地域の確保兵力を約二師団と予定。

その二　湘桂作戦

七　昭和十九年六月頃、第十一軍をもって武漢地区より、七、八月頃、第二十三軍をもって広東地区より作戦を開始し、敵特に第九、第六戦区主力を撃破して、桂林および柳州を攻略し、湘桂、粤漢両鉄道沿線の残敵を掃蕩して占領確保する。

八　その後状況により、遂川および南雄の敵飛行場群の覆滅作戦を実施することがある。

九　状況が許すかぎり、昭和二十年一、二月頃、第二十三軍をもって南寧を攻略し、桂林、諒山道を打通確保する。

十　第五航空軍は第十一軍の作戦発起に先だち、全力をもって米蔣空軍撃滅作戦を実施し、初動において航空優越を獲得し、以後、地上作戦に直接協力する。

十一　作戦使用兵力の予定。

第十一軍　七～八師団基幹

第二十三軍　二師団基幹

派遣軍直轄　一～二師団

第五航空軍　飛行団二個

十二　湘桂、粤漢両鉄道沿線地域の確保兵力を、約八師団、四旅団基幹と予定する。

十三　左記師団は下記のとおり、集結または復帰させる。

戦車第三師団　昭和十九年秋頃までに上海付近集結。

第二十七師団　昭和二十年春頃までに現駐地へ復帰。

第三、第十三師団　同右　北支集結。

その三　南方軍の策応作戦

十四　南方軍は雲南方面の敵を牽制するため、怒江正面に一部の作戦を実施して、支那派遣軍の作戦を容易にする。

また支那派遣軍の南寧攻略にあたっては、一部をもって諒山付近より進攻し、右作戦に協力する。

十五　支那派遣軍の航空作戦高潮時には、一時第三航空軍の一部（少なくも一飛行団）をもって協力する。

（十六〜二十まで省略）

第五　その他

二十一　一号作戦の為の増加予定兵力（省略）

二十二　作戦名称

全般作戦「一号作戦」

京漢作戦「コ号作戦」

湘桂作戦「ト号作戦」

（桂林攻略までを前段作戦、桂林——諒山道打通を後段作戦と呼称）

南方軍の怒江正面牽制作戦「サ号作戦」

（注・原文は長文で難解のため、筆者が要点を書き改めた）

支那派遣軍の作戦計画

一号作戦の目的は「敵空軍基地の覆滅」にしぼられたが、作戦要綱のなかには、「大陸縦貫打通」の構想がやはり残っていた。それは当時、米軍の大陸上陸作戦が予想されていたし、それを牽制して南方戦線との間に輸送路を確保するためにも、必要であったからだ。

一号作戦要綱によると、「覆滅する敵空軍基地」は、南部の広西省桂林、柳州、広東省南雄と江西省遂川と示されている。しかし、黄河以南の京漢鉄道と、粤漢、湘桂両鉄道要域の占領、確保が実現すると、つぎの敵基地群が占領されるか、あるいは占領されなくても使用できなくなる。

(河南省) 内郷ほか六
(湖南省) 衡陽、零陵ほか十
(広西省) 桂林、全県、柳州ほか十二
(江西省) 遂川、玉山ほか十二
(浙江省) 麗水ほか一
(福建省) 建甌ほか二
(広東省) 南雄ほか六

うまくいけばの話である。

このころ漠然とではあるが、雲南省昆明基地群や四川省成都基地群が〝滑走路の拡張工事をおこなっている〟という情報が入っていた。しかし、昆明から北九州まで約二九〇〇キロ、また成都からは約二六〇〇キロもある。在支米空軍の主力爆撃機コンソリデーテッドＢ24では、日本本土の爆撃は無理だ。Ｂ29という新重爆が米国でつくられているという情報もあるが、性能がはっきりわからない。当面はＢ25やＢ24を対象にして、桂林、柳州、遂川あたりを押さえておけば、一応、日本本土は安全だろう――と、大本営は考えた。

それにしても、一号作戦はまるで夢物語のような大作戦である。中国大陸を縦貫する戦線はじつに二四〇〇キロ。作戦距離を細分すると、黄河～信陽（河南省）間四〇〇キロ、岳州（湖南省）～諒山（ハノイ北東、広西省との国境）間一四〇〇キロ、衡陽（湖南省）～広東（広東省）間六〇〇キロに達した。

この広大な戦線の空には米空軍がハゲタカのように群がり、地上には百万の重慶軍がひしめき合っている。しかもその大部分は、米国製の優秀な武器をもつ〝米式重慶軍〟なのだ。これを撃滅せんとする日本軍は、総兵力五十一万、まさに有史以来の大会戦の幕が切って落とされようとする。

日支事変突発以来、徐州大会戦、南京、武漢の攻略戦と、いくつかの大進攻作戦が展開されたが、一号作戦はスケールの雄大さにおいて、それにまさる大作戦だった。

だが、味方の兵力は五十一万とはいえ、歴戦の野戦師団はすでに太平洋戦線に転用されて、あとは穴埋めの新編成兵団がほとんどだった。訓練も不足で、実戦経験に乏しい。装備も悪く、航空部隊も劣勢である。この兵力で、この大作戦をと思うと、昭和十四年九月十二日、支那派遣軍総司令部が創設されて以来、初めて打つ大バクチだった。

昭和十九年一月二十四日、一号作戦の発令をうけた支那派遣軍総司令部は、二月三、四の両日、南京で参謀長会議をひらき、全軍に作戦の準備を命じた。

一方、総司令部作戦主任参謀の宮崎中佐は、二月中旬サイゴンに飛んで、南方軍総司令部の作戦主任参謀・山田成利中佐と打ち合わせをした。そのころ南方軍は、インパール作戦行動開始の準備を急いでいた。大本営は米空軍が中国奥地に入りこむのを防ぐため、南方軍に対しては航空作戦によって、インド、中国間の空路遮断を強化するように指示してあった。

こうして昭和十九年の一月中に、インパール作戦と一号作戦が、ヒマラヤ山脈をはさんで相次いで発令された。インパール作戦の開始は、その年の三月八日だったが、その戦場にボーイングB29爆撃機が初めて出現することは、後で述べることにする。

そのほか、支那派遣軍と支那方面艦隊との一号作戦に関する協定も、三月六日に実施された。海軍の任務は、揚子江方面特別根拠地隊（漢口）と第二遣支艦隊（香港）を出動させて、揚子江と湘江、西江の敵機雷を一掃し、水路をひらいて、第十一軍および第二十三軍の作戦に協力することであった。

関東軍総司令官・梅津美治郎大将は、作戦主任参謀の草地貞吾中佐を南京の支那派遣軍総司令部に派遣し、畑総司令官にたいして、

「関東軍は喜んで一号作戦に協力する」

と伝えてきた。

昭和十九年三月十日、一号作戦の策定を終わった支那派遣軍は、三月十二日、これを全軍に示達し、作戦準備を急ぐように命令した。

支那派遣軍の一号作戦計画は、つぎのとおりである。

一号作戦計画

昭和十九年三月十日
支那派遣軍総司令部

第一　作戦目的

一　敵を撃破して湘桂、粤漢および南部京漢鉄道沿線の要域を占領確保し、敵空軍基地を覆滅して、帝国本土空襲ならびに海上交通破壊等の、敵の企図を封殺する。

第二　作戦方針

一　昭和十九年春夏に、まず北支那方面から、ついで武漢地区および南支地区から、進攻作戦を開始し、黄河以南の南部京漢鉄道と湘桂、粤漢両鉄道沿線の要域を占領確保する。

一　昭和二十年一、二月頃、南寧を攻略し、桂林—諒山道を打通確保する。

第三　作戦指導要領

その一　京漢作戦（省略）

その二　湘桂作戦

（方針）

一　六月初頭、第十一軍をもって岳州南方地区より、七月末頃、第二十三軍をもって西江地区より攻勢を開始し、北部粤漢鉄道沿線および湘桂鉄道と西江沿線の要域を占領確保した後、南部粤漢鉄道沿線の要域を占領確保する。主要作戦期間は約五ヵ月の予定。

一　状況により、遂川および南雄の敵飛行場群の覆滅作戦を実施する。

一　昭和二十年一、二月頃、第二十三軍をもって南寧を攻略し、桂林、諒山道を打通確保する。

一　第十三軍の一部をもって金華正面に攻勢をとる。

（作戦兵力）

作戦に使用する主要兵団は左のとおり。

第十一軍（第三、第十三、第二十七、第三十四、第三十七、第四十、第五十八、第六十八、第百十六師団）

派遣軍直轄（第十一軍に配属し、後方警備に当たらせる）

第六十四師団、第一、第二野戦補充隊

岩本支隊（第十三軍の三大隊基幹）

第二十三軍（第二十二、第百四師団、独立混成第二十二、第二十三旅団、独立歩兵第八旅団の一部）

第十三軍（第七十師団主力基幹）
第五航空軍（飛行団二個）
（指導要領）
1　作戦準備
一　五月初頭、武漢防衛軍司令部を新設し、当初、第十一軍司令官の指揮下に入れて、第三十九師団、独立混成第十七旅団、独立歩兵第五、第七、第十一、第十二旅団、第五、第九、第十野戦補充隊を指揮し、武漢地区の警備をさせる。
2　前段第一期作戦
一　第十一軍は六月初頭、主力をもって湘江東方地区より、一部をもって洞庭湖方面より攻勢を開始し、敵第九戦区軍を撃滅して、長沙を攻略する。
一　ついで第十一軍は、衡陽を攻略する。衡陽攻略は七月中旬頃と予定する。
一　以後、第十一軍は湘江沿線の要域を確保し、桂林作戦を準備する。
一　第十一軍は長沙、湘潭、衡陽に飛行場を設定する。
一　第十三軍は六月上旬頃、金華正面より攻勢をとり、敵第三戦区軍を牽制して第十一軍の長沙作戦を容易にする。
一　第二十三軍は六月末頃、第七戦区軍を牽制し、第十一軍の衡陽作戦を容易にする。
3　前段第二期作戦
一　第二十三軍は七月下旬頃、西江両岸地区と雷州半島方面より攻勢を開始し、梧州、丹竹を攻略し、柳州作戦を準備する。

一　第十一軍は宝慶、零陵を攻略する。

一　八月中旬頃、第十一軍は湘桂鉄道沿線地区より、第二十三軍は西江沿線地区より攻勢を開始し、桂林、柳州を攻略する。攻略時機は九月下旬頃と予定する。

一　第十一軍は零陵、桂林に、第二十三軍は来賓、柳州に飛行場を設定する。

4　前段第三期作戦

一　十月頃、第十一軍は衡陽、零陵から攻勢を開始し、南部粤漢鉄道沿線の要域を占領確保する。本作戦期間を約一ヵ月と予定する。

一　第二十三軍は広東北方より、英徳に対し攻勢をとる。

一　第十一軍は省境付近の鉄道橋と橋梁を急襲占領する。

一　敵空軍が遂川、南雄を利用する場合には、遂川、南雄の敵飛行場群を覆滅する。

5　後段作戦

一　昭和二十年一、二月頃、第二十三軍は南寧を攻略し、諒山付近の仏印国境にいたる陸路を打通確保する。

一　南方軍はインドシナ駐屯の第二十一師団をもって、諒山付近より本作戦に策応させる。

一　第二十三軍は南寧に飛行場を設定する。

その三　航空作戦

一　第五航空軍は地上作戦開始直前の四、五月に、四川省および西南支那の敵空軍基地に進攻し敵航空戦力を撃滅する。
一　第五航空軍は揚子江および南支沿岸の船舶輸送を援護する。
一　偵察部隊を各作戦軍に直接協力させる。
（注・原文は長くて難解のため、筆者が要点を書き改めた）

東条参謀総長、西安占領を指示

この作戦計画で見られるように、一号作戦の地上軍の主役は漢口に司令部を置いていた第十一軍（司令官・横山勇中将）だった。第十一軍が実施する「ト号作戦」（湘桂作戦）は、一号作戦のなかでも最も激戦が予想されるヤマ場であった。

作戦の目的は、粤漢、湘桂両鉄道を打通して、漢口～衡陽～広東間と、衡陽～桂林間の連絡路を確保し、この沿線の米空軍基地をつぶすことにあるが、この作戦のなかには湖南省の長沙と衡陽それに桂林（広西省）の攻略戦がふくまれていた。

その間、交戦を予想される重慶軍は、長沙攻略までに約四十個師、長沙のつぎの衡陽攻略までに約五十五個師、そのつぎの桂林攻略までに合計約百個師に達する。そのほかに雲南省から十六個師の重慶軍が、増援に駆けつけることが予想された。

しかし、第十一軍司令部には、わが軍三個大隊をもってすれば、重慶軍一個師を撃滅する確信があった。だが問題は、頭上の敵だ。制空権は米空軍に握られていた。常徳作戦での苦い体験をかみしめた第十一軍は、今度の作戦では、夜間行動を作戦の基本として考えるようになった。

一方、支那派遣軍総司令部作戦主任参謀の宮崎中佐は、昭和十九年三月十九日、東京に飛んだ。一号作戦計画を大本営に報告するためであった。報告を聴取したのは、参謀本部第一次長の後宮（うしろく）淳大将だった。第二次長・秦彦三郎中将、第一部長・真田穰一郎少将、作戦課長・服部卓四郎大佐、部員・近藤伝八中佐も立ち会った。しかし、誰も特別の指示はしなかった。

ところが、翌二十日、真田第一部長がこの作戦計画を、首相兼陸軍大臣兼参謀総長の東条英機大将に報告したとき、東条大将はつぎのとおり指示した。

「この作戦計画には、大陸縦貫鉄道打通の気分が大いに残っている。それはいけない。作戦目的は、あくまで在支米空軍基地の覆滅一本に徹せよ。遂川、建甌、南雄など中国東南部の敵基地が使われているなら、そこにも進攻して覆滅せよ。いらざる欲を出さずに、徹底的に在支米空軍基地をたたくのだ。西安方面に打つ手も抜けている。仏印との完全打通をはかる前に、西安基地を占領せよ。

日本本土、満州、中国、ビルマ、スマトラの確保は、戦争遂行の基本条件だ。一号作戦の意義も、これに関連していることを忘れるな」

これだけいってもまだおさまらなかった東条大将は、翌二十一日、首相官邸に改めて宮崎参謀を呼びつけて、直接報告を聴いた。このときには、首相秘書官の井本熊男大佐と近藤伝

八中佐が立ち会った。東条大将は、まず、

「支那派遣軍は総司令官以下、一号作戦に自信があるのか」

と、ズバリ質問した。

宮崎参謀が、「大いにあります」と答えると、東条大将は、

「一号作戦は、支那派遣軍の独力でやれ」

と、厳しい表情で指示した。つまり太平洋戦局がいよいよ急迫してきた際でもあるし、本国としては、支那派遣軍を援助する余裕はなにもなくなったというのであった。

事実、そのとおりだった。この年の二月一日、わがマーシャル群島の前衛線、クエゼリン島とルオット島を攻略した米機動部隊は、一挙にカロリン群島のトラック島に突き進んできた。日本連合艦隊の根拠地で、〝日本の真珠湾〟といわれたトラックも、二月十七日早朝の米機動部隊による大空襲と艦砲射撃で、壊滅的打撃をこうむった。「絶対国防圏」の一角は、もろくも崩れた。

このため、陸軍参謀総長と海軍軍令部総長が更迭された。二月二十一日、首相兼陸軍大臣の東条英機大将が、参謀総長をも兼任し、また、海軍大臣の嶋田大将が軍令部総長を兼任するという非常事態になった。そしてほどなく、マリアナ諸島までねらわれるようになった。三月十一日には、ニューギニアの日本軍が壊滅した。ラバウルも孤立した。

そのような危急存亡のときである。日本本国としては中国戦線どころのさわぎではないのだぞといわれても、仕方がなかった。

東条大将は宮崎参謀にたいして、

「一号作戦の目的は、在支米空軍基地覆滅の一本にしぼれ」

と強く命令した。さらに近藤中佐にたいしては、

「〝大陸指〟を再検討するように、第二部長に伝えてくれ」

と命じた。また宮崎参謀には、

「もし大本営から特別の指示がなかったら、派遣軍は本計画により作戦を実施してもよい」

と指示した。ところが、その後、大本営からはなんらの指示もなかったので、支那派遣軍は計画どおり作戦を開始した。


参謀本部第一部としては、すでに一号作戦の大命が発令ずみなので、一応、そのまま作戦を実施させ、今後の作戦指導面で、東条大将の指示を考慮することにしたのだ。だからその後、西安作戦の実施も検討した。西安作戦の目的は、陝西省西安を占領し、そこを基地にして四川省成都基地群を日本軍戦闘機の制圧圏下に置く。そして、たとえB29が出現しても、成都基地群は使えないようにする――ことにあった。

西安作戦は、昭和十七年に「五号作戦」（重慶進攻作戦）が準備されたときも検討されたが、実現しなかった。それがふたたび取り上げられたわけだが、結局、またしても実施が不可能に終わった。その理由は、前回と同じように〝兵力不足〟によるものだった。

遂川、南雄など敵空軍基地の占領は、昭和二十年の一月から二月にかけて、実現することができた。しかし、そのころには、B29はマリアナ基地から日本本土の爆撃を開始しており、

遂川などの占領は全く無意味となっていた。

ここで、一号作戦開始へのあわただしい動きのなかで、その背景となった昭和十九年一月から四月ごろまでの諸情報をとりまとめてみよう。

第五航空軍（隼）には、航空情報隊という特別情報機関があった。この隼特情班には米国生まれの〝二世部隊〟が勤務していて、在支米空軍や重慶軍側の無線連絡を、日夜をとわず傍受していた。全神経をとがらせた隼特情班の耳に、敵情が刻々飛びこんできた。

「昆明は目下滑走路を三〇〇〇メートルに拡張中、中米飛行団もB29部隊をつくるという風評あり」（二月五日）

「零陵飛行場、二月末工事完成……」

「柳州飛行場、工費一億元の新工事計画あり」

「印支空路、月一万トンの輸送量あり、輸送機百機」

「三月三日より成都北北西二二キロの新繁飛行場でパラシュート訓練を行なう。一個中隊ぐらいの集団落下あり」

「重慶空軍は昆明付近でパラシュート兵団を編成し、訓練中なり」

「四川省へP40百十九機集結す」（四月七日）

「中米飛行団主力は、四月二十八日、昆明および桂林より梁山（四川省）へ移駐せり」

「米空軍教導隊、成都に進出せり」（四月二十九日）

「昆明飛行場は二億元を投じ、滑走路を三〇〇〇メートルに拡張」（四月二十九日）
「新城（江西省）に夜間飛行設備設置」（四月二十九日）
「米空軍に新鋭戦闘機P47（サンダーボルト）三機出現、昆明に到着す」（四月十八日）
一方、大本営に入った在支米空軍関係の情報のうち、主なものはつぎのとおりであった。
「在支米空軍主力は桂林に進出した。昆明九十機、桂林二百十機」（二月二十七日）
「P40EはP51に改編中」（二月二十二日）
「B25H型大陸に出現、七・五センチ砲を有す。船舶攻撃積極化すべし」
「支那を基地とする対日爆撃基地整備せらる。今後、爆撃機大いに注目の要あり」（三月二日）
「遂川、建甌を米軍飛行場に割譲、米空軍成都に進出す。セイロン、マダガスカルの米飛行場群と関係あり、注意を要す」（二月二十二日）
「印支空輸量——昭和十八年九月七〇〇〇トン、十一月一万トン、昭和十九年一月一万四〇〇〇トン、十九年秋には二万トンを目標とす。レド精油所より中国へ送油管延伸中。すでにビルマ国境を越えたり」
「ガソリン入支量と飛行機数との関係、つぎのごとし」

	（入支量）	（第一線機）	（活動見込）
十九年　一月	五〇〇〇トン	百八十機	二百機
六　月	九〇〇〇トン	三百五十機	四百四十機

十二月　一万二〇〇〇トン　五百機　六百機

こうした情報は、日本本土空襲の危機が刻々と迫りつつあることを想わせた。昭和十九年二月末、米第十四航空軍司令官・シエンノート少将が、重慶で新聞記者団に発表したところによると、在支米空軍は「四百八機」であった。

また、隼部隊の情報によると、四月十七日現在で米空軍は三百九十九機（うち戦闘機二百五十機、爆撃機百三十七機、偵察機七機）、重慶空軍は百三十四機（うち戦闘機百十三機、爆撃機二十機、偵察機一機）となっていた。

第三章　B29戦略爆撃集団、成都に出現

ヒマラヤの大魔鳥

揚子江上流の漢口は、厳しい暑さで世界的に知られている土地だ。四月に入ったばかりなのに、もうムッとするような熱気だ。

市街の中心をつらぬく中山路（ちゅうざんろ）から、中山公園の前をかけ抜けると、漢口競馬場跡があった。コンクリート造りの階段式になっていた観覧席の跡も、そのまま残っていた。ちょっと見たところ、荒れ果てた廃屋のようだが、そうでなかった。メーン・スタンドを登りつめたてっぺんに、赤煉瓦造りの事務室の跡があった。そこが五航軍の戦闘部隊――第一飛行団の戦闘司令所だった。「隼二三七三部隊」――これが一飛団の秘匿名であった。

一飛団の戦闘司令所の一隅に、うず高いビラの山があった。そのビラには、華文で「インパール占領」が、デカデカと印刷されてあった。このビラは、東京の大本営から密（ひそ）かに空輸されてきたもので、わが軍の飛行機上から中国の敵地にまくためであった。昭和十九年三月

八日、インパール作戦が開始されたばかりなのに、もはや「インパール占領」のビラができあがっていた。

大東亜戦争は、いまや日に日に敗色を濃くしつつある。もし、インド・アッサム州の敵根拠地インパールを占領することができれば、戦局に光明を点じる転機をもたらせるばかりでなく、援蔣ルートの切断にもなり、わが軍の士気は大いにあがる。ビルマ派遣第十五軍司令官・牟田口廉也中将が率いる三個師団七万の兵力は、一応、インパール包囲の大鉄環を完成するようにみえた。そこで大本営は、早くも「占領」の予定ビラを重慶地区にまくため、漢口の一飛団に送ってきたのだ。

だが、この「インパール占領」のビラは、不幸にもついにまく機会がおとずれなかった。それどころか、〝白骨街道〟と呼ばれた悲惨なインパールの敗戦がはじまるのである。が、ここで、インパール作戦を書く余裕はない。しかし、ただ一つ、インパール航空戦での偶発的な歴史的大事件を伝えておきたい。

中国大陸における一号作戦のうちの『コ号作戦』(京漢作戦)が火蓋を切ったのは、昭和十九年の四月十八日だった。

それから八日目の四月二十五日——。

ヒマラヤ山系は、千古の密雲で覆われていた。インパール進攻作戦に協力する第五飛行師団(高部隊)——師団長・田副登中将——の飛行第六十四戦隊の〝隼〟十四機は、密雲を縫いながら、インパールをめざして翼をつらねていた。この日にかぎって、〝ホーカー・ハリケーン〃や〃スピットファイア〃という常連の英戦闘機は、一機も出現しなかった。わが隼戦闘隊は、拍子抜けの態だった。そのままインパール東北三〇キロのパコンダ上空を通過しようとした。

全面無塗装の機体をきらめかせて飛ぶ〝超空の要塞〟B29

と、その瞬間、前方の雲間に異様な四発の超大型機が一機、忽然と出現した。〃隼〃は思わず、ハッと息をつめた。まぎれもなく敵機だ。

それにしてもこの敵機の、なんと巨大なことよ。細長い胴体が、翼の前縁から長く先に突出している。特徴は垂直尾翼だ。ボーイングB17と同じ型の背びれがあるが、B17よりもはるかに巨大だ。B17ではない。といって双尾翼のB24とはまるで型が違うし、第一、B24よりもずっと大きい。

降着装置は前車輪式、武装としては、砲塔は尾部と後上方、後下方、前上方、前下方にあり、備砲は一三ミリ級（?）の機関砲、発動機は細長く液冷式（?）のように見受けられた。

ヒマラヤの大魔鳥のような巨大な機体は、ピカピカ銀色に光り輝いている。これは塗装をほどこしていない、ジュラルミンの生地そのままのためだが、当時、塗装していない飛行機はなかった。ジュラルミンむき出しのピカピカ機を初めて見た六十四戦隊の〝隼〟たちは、まるでおとぎ話の中の飛行機のように華麗であったと、後に語り伝えた。

大怪鳥のような敵のピカピカ機は、まっしぐらに、こちらに向かって飛んでくる。ふと見ると、その上空には戦闘機が二機、援護飛行をつづけている。絶好の獲物だ……。わが〝隼〟は瞬間、要撃隊形を展開した。

時まさに午後零時五分、高度五〇〇〇メートル、パコンダ上空、白昼の遭遇戦だ。〝隼〟は急上昇して、高位包囲戦に転じた。高い位置から低位の敵機に攻撃をかける――これが空中戦闘の定石だ。

〝隼〟から一二・七ミリの機関砲弾が激しい火線を引いて、ピカピカ機に追い迫る。ピカピカ機は機首をめぐらして、逃げようとした。だが、超大型機の悲しさ、アクロバットがきかない。ひたすら水平飛行をつづけて、のたうちながら密雲の中に姿をくらませるほか、手はないのだ。

敵の直援戦闘機は、無情にもピカピカ機を見捨てて逃げ去っていた。

隼戦闘隊はピカピカ機を追いまくった。しつこく食いさがって、四五〇キロも追撃した。そして、入れ替わり立ち替わり攻撃をかけた。午後零時四十分、〝隼〟の一機がピカピカ機の右内側発動機に見事な一撃を加えた。

これが致命傷となった。とたんにピカピカ機は、右内側発動機から赤い炎を噴き上げた。

そして黒煙が、もうもうと長い長い尾をひいた。かとみる間にピカピカ機は右反転に入り、やがて逆立ちとなって、眼下の雲間に突っこんでいった。フォートヘルツ北方上空での、ヒマラヤの大魔鳥の荘厳な最期であった。

その当時、このピカピカ機の正体が何であるか、もちろんハッキリしなかった。しかし、陸軍航空本部は、第五飛行師団からの報告にもとづいて検討した結果、

「速度その他よりして、B29の可能性大なり」

という判断を下している。これがB29であると決定づけられたのは、後日のことである。

結局、このピカピカ機が、〝日本人が初めて見たB29〟であった。同時に日本空軍の手によって、初めて撃墜したB29でもあった。いずれにしろ、永久に戦史に残る一戦となった。

だが、これ以上、詳しいことがわからないのが残念である。敗戦というきびしい戦局は、人と記録のすべてを消しつくしたのであろうか。

飛行第六十四戦隊が撃墜したB29は、どこから飛んできて、どこへ向かいつつあったのか？　詳しいことはわかるはずもなかった。だが、およそのところ、インドからヒマラヤを越えて、中国奥地に入りこもうとしたことだけは、推測することができた。

それから五日後の四月三十日、隼特情班がキャッチした情報は、

「インドと新津(しんしん)間に新空路が開設されて、B29二機が、インドより新津に向かった」

ことを伝えた。新津は四川省成都基地群の一つだ。成都基地群にB29が入りこんだことは、まぎれもない事実となって、クローズアップされた。

これより先、支那派遣軍は昭和十九年二月ごろから、大本営あて「インドのチャンスキヤと新津間に、輸送機の動きが活発となってきた」という報告をたびたび打電していた。そして三月三日には、

「情報によれば、シエンノートは五月末までに本土空襲を企図しあるがごとし。警戒を要す」

また三月十三日には、

「新津には輸送機C47の往復多く、燃弾の輸送と思考せらるるにつき、警戒を要す」

と、大本営に報告している。支那派遣軍が、B29二機が桂林に進出したという情報を初めてキャッチしたのは、四月二日であった。

隼部隊、漢口に集結

一方、大本営は三月十九日現在で、つぎのように判断していた。

「B29の大陸出現は、三月よりは若干遅延するであろう。しかし、四月末には六十機〜七十機、六月ごろ百五十機、年末(昭和十九年)には四百機〜五百機となる見込み」

裏返していえば、五月以降、中国を基地とするB29の日本本土空襲が考えられるというのだ。一号作戦は、どうしても急ぐ必要があった。中国現地の五航軍は、敵空軍の動向について、つぎのように判断していた(四月上旬現在)。
一　敵空軍は、わが京漢作戦にともない、一部で黄河橋梁の破壊と地上作戦に協力するが、

主力は日本軍輸送の妨害を続行するだろう。

(1)出撃兵力は、重慶空軍は戦闘機約百機、爆撃機約二十機、米空軍は戦闘機約六十機、爆撃機約四十機。

(2)敵空軍は重慶、成都、梁山（以上四川省）、恩施（湖北省）、漢中、宝鶏、西安、安康（以上陝西省）、老河口（湖北省）などを前進基地にするだろう。

(3)米空軍主力は南東中国を基地として、揚子江、東シナ海方面をねらうだろう。

二　湘桂作戦にたいしては、激しい出撃を反復するであろう。

(1)湘桂作戦の出撃機数は、米空軍約五百機、重慶空軍約二百五十機。

(2)作戦の進展にともない、雲南地区の敵航空兵力は桂林に進出、さらにインドから雲南、成都方面へ航空機を大量輸送するだろう。

(3)我軍が衡陽を占領しても、敵機は芷江、桂林、柳州から反撃するであろう。

(4)我軍が桂林、柳州を占領しても、敵空軍の主力は重慶、成都、雲南、貴陽地区へ退避するだろう。

三　一号作戦の実施にともない、米空軍の、日本本土空襲作戦は制約を受けるであろう。しかし、Ｂ29の中国入りによって、西日本は空襲されるであろう。

揚子江筋を中心とした中国の中部は、五月から六月にかけて雨期に入る。このころ、揚子江はどっと水かさを増して泥海のようになり、漢口市ではいつも浸水警戒警報が出されていた。

漢口の北郊には、のどかな田園風景がひろがっていた。小さなクリークが縦横に走っていて、泥水があふれ、あぜ道をひたしていた。中国人の子供たちが戯れながら、どじょうを獲っていた。百元の儲備券一枚もやれば、ざるに一杯のどじょうを獲ってくれた。

その付近には、こんもりした森が、あちらこちらにあった。その森の中に小さな中学校の建物があった。イタリア人が経営するキリスト教会所属の学校である。庭は鮮やかな新緑につつまれて、蓮の葉を浮かべた池さえあった。

昭和十九年五月十七日、この中学校に百人ぐらいの日本軍の小部隊が、コッソリとどこからともなく引っ越してきた。「隼二三七一部隊」——何気ない部隊のようだが、一皮むけば、その正体は第五航空軍司令部だ。湘桂作戦開始のために南京から漢口へ、戦闘司令所を推進してきたのであった。

当時の五航軍の編成表は、つぎのとおりであった。

第五航空軍編成表

軍司令官	中将	下山　琢磨
参謀長	少将	橋本　秀信
参謀副長	大佐	吉井　宝一
参謀	中佐	矢嶋　兼顕

参謀　少佐　村岡良江
参謀　少佐　水尾広吉
参謀　少佐　前川国雄
参謀　少佐　乗田貞剛
一飛団長　大佐　小林孝知
二飛団長　大佐　林三郎
飛六戦隊長　少佐　広田一雄
飛九戦隊長　少佐　高梨辰雄
飛十六戦隊長　中佐　甘粕三郎
（のち）中佐　森桂
飛二十五戦隊長　少佐　坂川敏雄
飛四十四戦隊長　中佐　広瀬茂
飛四十八戦隊長　少佐　松尾政雄
飛八十五戦隊長　少佐　斎藤藤吾
飛九十戦隊長　中佐　三木了
（のち）少佐　平松健二
独飛十八中隊長　大尉　児玉真一

独飛五十四中隊長　大尉　岡本　良夫
独飛五十五中隊長　大尉　石田　芳郎
十六地区司令官　中佐　松本　征夫
二十六地区司令官　中佐　桜井　文夫
十五航空通信連隊長大佐　宮村　信幸
五航情部長　少佐　末吉　敬治
六航情部長　中佐　許斐　専吉
五航測隊長　大尉　我部　俊雄
二十四航修一分長　少佐　松下　参世
十五航廠一支長　大尉　村上辰次郎

このうち第二飛行団司令部と、飛行第六戦隊、飛行第四十八戦隊は、満州の関東軍から派遣されたものであった。機種別にみると、飛行第二十五戦隊と飛行第四十八戦隊が〝隼〟の戦闘隊、飛行第九戦隊と飛行第八十五戦隊が〝鍾馗〟の戦隊、また飛行第十六戦隊と飛行第九十戦隊が九九式双軽爆撃機の戦隊、飛行第六戦隊は襲撃機戦隊、飛行第四十四戦隊は軍偵・直協機戦隊、独立飛行第五十四中隊は直協中隊、独立飛行第十八中隊と独立飛行第五十五中隊は新司偵（一〇〇式司令部偵察機）の偵察中隊であった。

昭和十九年四月十八日に開始された一号作戦のうちのコ号（京漢）作戦には、九戦隊と二十五戦隊の一部、四十四戦隊と五十四中隊および十六戦隊の一部が、運城（山西省）、新郷、彰徳を基地にして地上軍に協力している。その指揮をとったのは、満州から飛来した第二飛行団長の林三郎大佐だった。

つぎの『ト号（湘桂）作戦』にのぞむ五航軍の作戦計画は、第一飛行団長の小林孝知大佐が隼戦闘隊の第二十五、第四十八戦隊を率いて、作戦地の制空と九江上流の揚子江筋の防空にあたる。また林二飛団長は、鍾馗戦闘隊の第八十五戦隊と第九十戦隊の軽爆の一部、第六戦隊の一部（襲撃）、第四十四戦隊の一部（直協）、第十八中隊の一部（新司偵）を指揮して、第二十三軍の地上作戦に協力し、桂林、柳州を攻撃する。また五航軍直轄の第十六、第九十両戦隊の軽爆は、第十八、第五十五両中隊の新司偵の協力のもとに敵基地を爆撃する。

そのほか襲撃、軍偵、直協部隊の第六戦隊と第四十四戦隊（五十四中隊を含む）をもって、臨時集成飛行隊（隊長は五航軍参謀副長の吉井宝一大佐）が編成され、第十一軍の地上作戦に直接協力することになった。洞庭湖の北東岸に岳州という要地がある。一飛団の戦闘司令所は、漢口から岳州北方の白螺磯（はくらぎ）に前進した。また臨時飛行隊は、岳州東方の蒲圻に戦闘司令所を置いた。

この作戦計画は形の上では堂々たるものであったが、戦力は米空軍にくらべると、まことに貧弱であった。襲撃、軍偵、直協などの部隊は、いわば地上軍作戦用である。

航空撃滅戦の立役者は爆撃機と戦闘機だが、爆撃機にしても重爆はない。そこで爆撃戦力の主体は九九双軽になるが、それがまた旧式機で、昼間出撃すれば必ずといってよいくらい撃墜されるから、夜間爆撃を専門にしなければならない。一方、戦闘機は、わずかに三個戦隊しかない。このうち〝鍾馗〟は新鋭戦闘機で、速度、武装ともに〝隼〟より優れているが、足（航続距離）がはるかに短いために、広大な大陸戦場の進攻作戦には不向きであった。

そこで足の長い〝隼〟が戦闘戦力の主体になるが、隼二個戦隊のうち第四十八戦隊は、パイロットの練度の点で、必ずしも完全とはいえなかった。結局、頼みの綱は、百戦錬磨の第二十五戦隊（戦隊長・坂川敏雄少佐）だということになる。

このころ飛行機は毎月約五十機（主に〝隼〟と九九双軽）の補給を受けていたが、そのたびに現地から内地へ、空中勤務者が受け取りに帰らなければならず、不便をきわめた。航空燃料の保有量は二万五〇〇〇キロリットルで約八ヵ月分、航空弾薬は七五〇〇トンで、約三年分ぐらいの保有量があった。

在支米空軍の陣容

五航軍の調査によると、昭和十九年四月三十日現在の中国大陸の敵機は、合計約七百五機と判断された。内訳はつぎのとおりで、中米飛行団（米人、中国人の混合飛行隊）は、米空軍のなかに含まれている。
米陸軍第十四航空軍　四百七十二機
内、偵察機十（P38）、戦闘機二百九十四（P38三、P47二十三以上、P40、P51二百

五十八)、爆撃機百六十八(B24五十八、B25百十)

重慶空軍　二百三十三機

内、偵察機一(P38)、戦闘機二百十二(P40百五、P43二十七、P66八十)、爆撃機二十(A29二十)

わが五航軍の出動可能機数は、合計二百三十機内外だったから、ちょうど3—1の比率であった。

また、敵空軍の陣容は、別表のとおりであった(昭和十九年四月十七日現在、五航軍調査)。五航軍が、これだけ詳しく敵情をキャッチしていたのは、りっぱなことである。米空軍の第五十一、第二十三飛行団は戦闘隊で、第三〇八、第二四一飛行団は爆撃隊である。中米飛行団は中隊長と小隊長が米人、隊員は中国人の混合部隊だった。所属は米空軍である。

米空軍の編成表をみて、とくに注意しなければならない点は、B29部隊がまだ具体的に日本軍にキャッチされていないことであった。この編成表がつくられた四月十七日の時点では、B29部隊はまだ中国大陸には出現していなかったのだ。

だが、有能なB29部隊の指揮官の一人が、シエンノート一家のなかに潜りこんでいた。それは第三〇八爆撃飛行団のフィッシャー大佐だった。彼は、米本国の第二十爆撃飛行集団(B29部隊)から、中国に派遣され、やがてくるB29部隊のために準備をととのえたり、あるいは、情報を集めては本隊に送っていた。B24部隊の第三〇八飛行団長になったのは、日

米陸軍第十四航空軍編成表

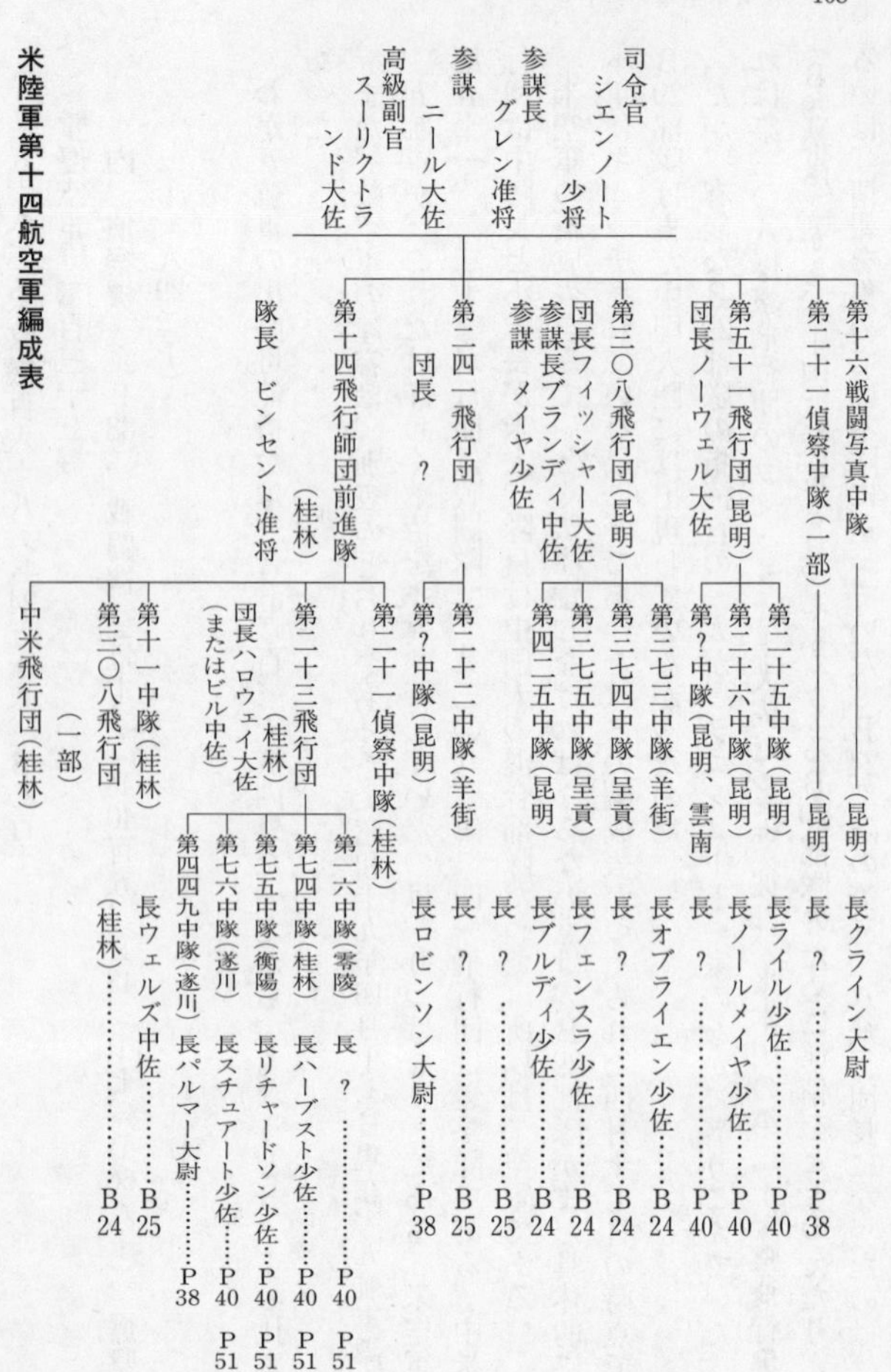

中米飛行団編成表

重慶空軍編成表

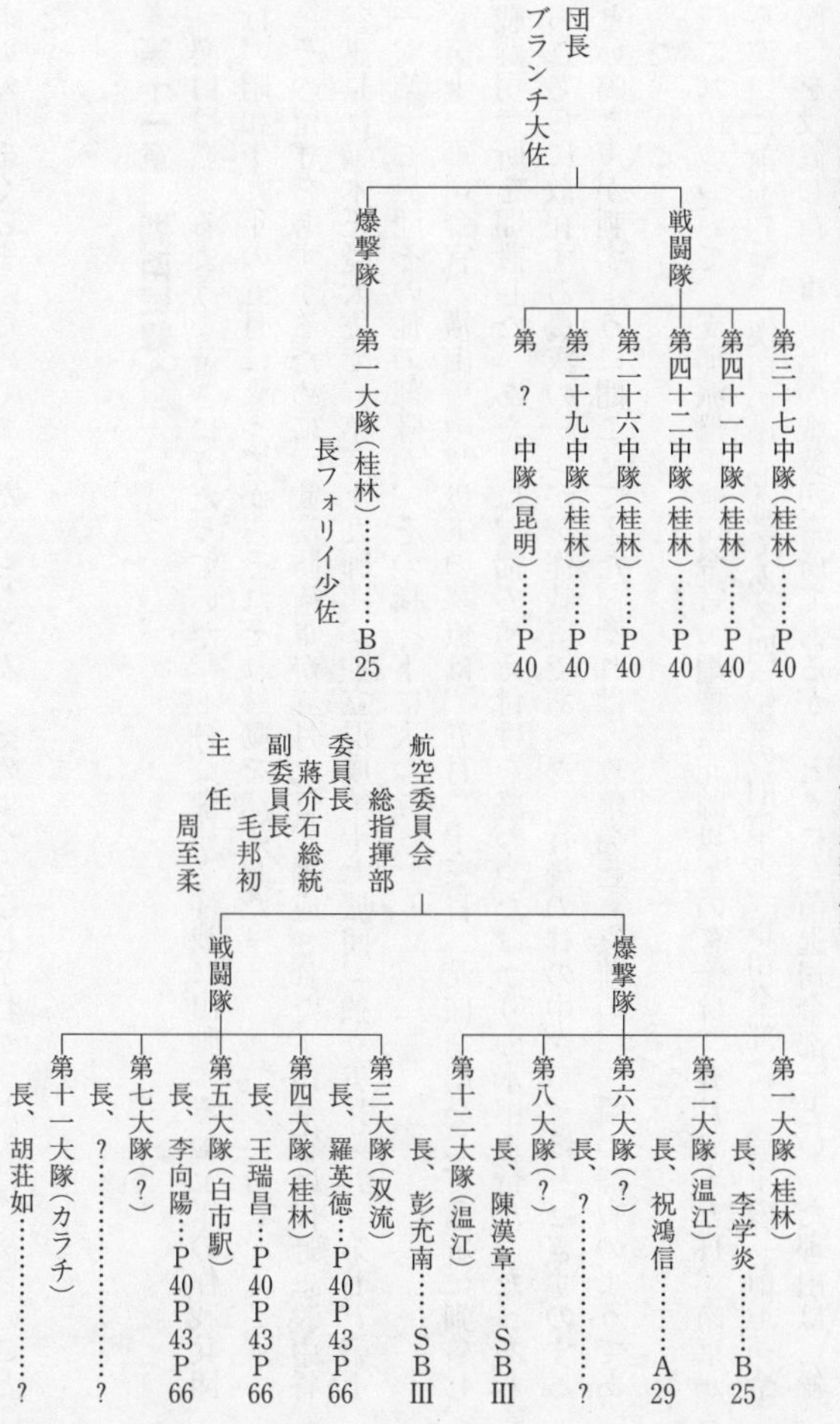

本軍の眼をくらますためであった。もちろん、そのようなことがわかったのは、後日のことだった。

第十一軍、湖南戦線へ

漢口は燃えるような暑さにうだっていた。ト号（湘桂）作戦に出動する地上軍の作戦兵団は、昭和十九年の五月に入ってからそれぞれ移動を開始した。

その留守をあずかるために、武漢防衛軍が五月九日、編成された。司令官は佐野忠義中将、参謀長は鏑木正隆大佐で、第三十九師団、独立混成第十七旅団、独立歩兵第五、第七、第十一、第十二旅団その他の部隊が、その指揮下に入った。

第十一軍司令官、横山勇中将以下の幕僚は、五月二十三日、漢口を出発して蒲圻に到着し、戦闘司令所を開設した。あたりは、稲の植え付けを終わったばかりの水田地帯だった。あちらこちらに散在する農家の一つが、作戦室であった。背後の林の中から、ほととぎすのするどい鳴き声が刺すように聞こえてきた。それは〝攻撃発起〟直前の、一瞬の静寂のようであった。

これにつづいて、支那派遣軍総司令官・畑俊六元帥以下の幕僚は、五月二十五日、南京から漢口に前進して、漢口の中心地である四民街の旧第十一軍司令部に、総軍の「前進司令部」を設置した。事実上の戦闘司令所であるが、とくに「前進司令部」といった理由は、総軍としては作戦軍一本の姿に徹しきれなかったためだ。つまり、南京で汪兆銘政府を育成強化する軍政上の仕事が残っており、そのために総参謀長の松井中将以下関係部長を、南京に残してきた関係によるものだった。

（大本営はその後、総軍が湘桂作戦の指導に専念できない事情を考慮して、同年九月十日、総軍の下に第六方面軍を新設し、岡村寧次大将を司令官として、湘桂作戦の指導に当たらせることにした）

五月二十五日、河南省の洛陽を攻撃して、コ号（京漢）作戦は一段落をつげた。これとともに、一号作戦の戦雲は揚子江の南岸にうつった。五月二十七日の夜（一部は早朝）、第十一軍の作戦部隊は、それぞれト号（湘桂）作戦の行動を起こした。この日、湖南の山野は「雨」または「時々小雨」であった。

さらば漢口よ　また来るまでは
しばし別れの　涙がにじむ……

第十一軍の主力は武漢地区に住み馴れた部隊だった。漢口に別れを惜しんだ兵隊たちは『ラバウル小唄』を『漢口小唄』につくり替えて口ずさみながら、みんな濡れねずみ、どろんこ人形となって、闇の戦場へ消えていった。湖南省を縦貫して流れる湘江沿いに、南の長沙、衡陽、零陵、桂林をめざして、東西一二〇キロにおよぶ広大な正面戦場を、行動開始と同時に、一挙に縦深約五〇キロを突破せんとする大野戦の幕が切って落とされた。

第十一軍の編成表は、つぎのとおりであった。

第十一軍編成表

軍司令官	中将	横山　勇
参謀長	少将	中山　貞武
高級参謀	大佐	島貫　武治
第三師団長	中将	山本　三男
第十三師団長	中将	赤鹿　理
第三十四師団長	中将	伴　健雄
第四十師団長	中将	青木　成一
第五十八師団長	中将	毛利　末広
第六十八師団長	中将	佐久間為人
	（のち）	堤　三樹男
第百十六師団長	中将	岩本　汪
第三十七師団長	中将	長野祐一郎
第二十七師団長	中将	竹下　義晴
	（のち）	落合甚九郎
第六十四師団長	中将	船引　正之

（その他省略）

第二十七師団は、満州の関東軍から差し出された兵団である。このほか第十一軍直轄部隊となった野砲兵、重砲兵、迫撃砲、工兵などの各大隊と、戦車第三連隊（一式中戦車五十六両、九五式軽戦車十二両、自動貨車百六両）も、関東軍から派遣された部隊であった。また、内地の留守近衛第二師団からは野戦高射砲、野戦機関砲の各部隊、東部軍、中部軍、西部軍からも通信隊その他の各部隊が、はるばる大陸戦線に差し出されて、第十一軍は大野戦軍にふくれあがった。また海軍は、揚子江方面特別根拠地隊司令官の畠山耕一郎中将が指揮をとった。

前面の敵は重慶軍第九戦区司令長官・薛岳（せつがく）が率いる第三十集団軍（軍長・王陵基）の七個師、四挺進縦隊、第二十七集団軍（軍長・揚森）の十四個師、第二十四集団軍（軍長・王耀武）の十八個師、第四軍（軍長・張徳能）の三個師、第九十九軍（軍長・梁漢明）の四個師だった。

一号作戦の実施にあたり、日本軍はその企図を極秘にしていたが、敵のスパイは早くもこれをかぎつけたようである。米第十四航空軍司令官シエンノート少将は、四月六日、蔣介石総統にたいして、

「日本軍は京漢鉄道沿線を攻撃して、他の部隊は湖南省の長沙を占領する。これは最大の脅威である」

と、警告している。また、四月十三日の重慶発タス特電は、

『第十四航空軍と重慶空軍は、非常事態に対処するため緊急配置につき、前進基地を強化中』

と報じている。それから五日後に、日本軍の京漢作戦が火ぶたを切った。

湖南の空、陸、水で戦うわが作戦軍将兵のまぶたに浮かぶものは、故国に残してきた親や妻子の顔であった。そして、そのなつかしい顔を夢見るたびに、この一戦こそ内地への空襲を食い止める唯一の手段だと、だれもが強く感じて闘志を燃やした。

秦参謀次長、湖南戦線を視察

ト号（湘桂）作戦の幕が切って落とされてから十日目の六月五日（昭和十九年）――。新緑につつまれた蒲圻の第十一軍戦闘司令所に、突然、風のように現われた一人の将軍があった。大佐一人、中佐二人、少佐二人が随行していた。みんなの胸に、金色にきらめく参謀肩章が印象的だった。この将軍はまぎれもなく参謀本部第二次長の秦彦三郎中将であった。

東京から空路、戦線に飛来した秦参謀次長は、戦闘司令所で第十一軍司令官・横山勇中将以下からつぶさに戦況報告をきいた。

そのとき、横山軍司令官は、

「湘桂作戦の戦果を利用して、すみやかに重慶進攻作戦を考慮すべきである」

という強い意見を具申した。秦参謀次長は、何も答えなかったが、横山軍司令官の意見は、秦参謀次長が東条参謀総長の命をうけて、急いで東京から戦場に駆けつけた使命とは、まるで正反対のものであった。

その翌日（六月六日）、秦参謀次長は漢口に引き揚げ、支那派遣軍前進司令部で畑総司令官と会見した。そこで初めて、秦参謀次長は畑総司令官にたいして、東条参謀総長の意図を伝達した。

その内容はつぎのようなもので「要望事項」として伝達されたが、当然、命令にひとしいものであった。

「湘桂作戦の目的は、どこまでも在支米空軍を覆滅して、内地の空襲を防止することにある。湘桂作戦は、その目的一本に徹せよ。重慶進攻などの、要らざる欲を出してはならない」

これは東条参謀総長の、最初からの持論であった。前に述べたとおり、東条総長はこの年（昭和十九年）の三月二十日から二日間にわたって、参謀本部真田第一部長と支那派遣軍総司令部作戦主任参謀の宮崎中佐から、支那派遣軍の一号作戦計画の報告をきいたときにも、以上の趣旨のことを強調している。そして、

「成都基地群を制圧するために、西安占領作戦を計画せよ」

と指示している。

大本営はその後、四月二日になって、インドに〝多数のB29が到着した〟という情報をつかんだ。引きつづいて四月二十五日には、インパールでわが第六十四戦隊の〝隼〟が、中国入りをしようとしたB29のうち一機と空中で遭遇して、これを撃墜している。

一方、中国戦線の五航軍特情班は、四月二十六日、敵の無線連絡を傍受して、B29の中国

入りを確認した。そして五月八日には、米陸軍の「長距離爆撃機」(B29を指す)が、インドから四川省奥地の成都基地群の一つである新津に着陸したことを連絡する敵の無線をキャッチした。また明くる五月九日、新津にB29が十一機着陸していることがわかった。そのうえインドには、B29が百二、三十機も入りこんでいる確証をにぎった。

まだある。五航軍特情班が調査した「敵機配置表」によると、五月十七日現在、成都にはB29が六機着陸していた。どうして、このような情報がわかるかというと、米空軍は昭和十九年五月現在、中国全土に二十九ヵ所の「電台」(無線局)を持っていた。電台は主要基地にある。それが毎日、各基地の着陸機の数とか飛行場施設の状況、飛行機の動きなどを交信し合う。それを傍受すれば、衡陽には何機、桂林には何機、成都には何機いるかがわかる。それによって一覧表をつくったものが「敵機配置表」で、貴重な作戦資料になる。

敵の電台では交信が終わったあと、ちょっとしたいたずらをする。それを傍受していると、こんなのがあった。

「お前のところのドロシイは、どうしているか。たまにはこちらによこせ」(芷江から零陵あて。これは女のことらしい)

また、日本機に一連射を食ったらしく、

「ヘルプ、ヘルプ……」と叫びながら、墜落する米軍機もあった。と思うと、「パラシュートで降りろ」と、地上から指示するのもきかずに、

「いや、おれは飛行機とともに降りる」とがんばって、そのまま自爆する勇敢な米空軍のパ

イロットもいた。

「零陵、零陵……」と連呼しつつ、突然、電波の中に出現してきたかと思うと、そのままドカリと墜落していく敵機もあった。

それはさておき、成都基地群にB29部隊が出現したことは、まぎれもない事実となった。日本本土空襲の危機を直感した五航軍と、支那派遣軍総司令部、それに大本営は、異常な緊張につつまれた。

そこで大本営も、東条参謀総長の持論のとおり、どうしても陝西省の西安と、西安南西の漢中を占領する必要を痛感するにいたった。漢中、成都間はわずかに三八〇キロだ。西安、漢中を基地にして飛べば、四、五十分ないし一時間ぐらいで成都のB29を攻撃することができる。

参謀本部第一次長の後宮淳大将は、五月三十一日、上海に飛んだ。そうして南京で留守をあずかっていた支那派遣軍総参謀長・松井太久郎中将を上海に呼び出して、西安占領作戦を立案するように命じた。

一方、東条参謀総長は湘桂作戦開始の前日に、天皇陛下に拝謁している。五月二十六日のことである。そのとき東条総長は、

「京漢作戦の戦果は、敵の遺棄死体三万六千七百、俘虜一万三千三百七十九人、わが損害は戦死八百八十人……（以下省略）」

と言上した。そして、明二十七日から湘桂作戦を開始する旨を報告申し上げたあと、

「本作戦は、在支米空軍を封殺して、皇土の防衛を安全ならしめまするはもとより……」

と、特に強調している。こうしたこともあって、東条総長は六月二日、第二次長の秦中将にたいして、湘桂作戦の目的を〝米空軍覆滅〟一本にしぼるように、現地軍を指導してこいと厳命を下したのであった。その結果が、秦次長の前線視察となった。

東条総長としては、湘桂作戦計画が焦点ボケして、〝朝に一城を抜き、夕に一城を陥れる〟式の対支作戦の域を出ないことを、非常に不満に思っていた。だが、もともと一号作戦は、前に述べたとおり「大東亜縦貫鉄道」建設計画を基本にして、立案されたものであった。その後、基本構想は修正されたとはいえ、一号作戦の上に長く尾をひくかたちとなった。

東条総長が、作戦の目的を在支米空軍の基地つぶし一本にしぼれといくら叫んでも、なかなか徹底しなかったわけは、そこにあった。

とにかく、支那派遣軍は、改めて秦次長に作戦計画を説明し、同時に西安作戦計画も提出した。秦次長は六月十四日、東京に帰着して、つぎのように東条総長に報告した。
(1) 湘桂作戦勝敗のカギは、航空戦力にかかっている。彼我の戦力比は敵3、味方1(時には4—1)で、3—1は絶対に確保しなければならない。
(2) 航空決戦のヤマ場は衡陽占領後、桂林攻略に向かう間である。
(3) 支那派遣軍も西安作戦は万難を排して実施すべきだと考えている。
(4) B29は近く必ず満州、九州へ来襲するであろう。

B29、日本本土空襲の序幕

湖南の戦野には、雨が降りつづいていた。六月に入ってから、雨はますますひどくなるばかりだった。洞庭湖は文字どおり泥海と化した。ふだんは青く澄みきった湘江も、満々たる濁流を走らせて、のたうっていた。

湖南の戦場は、陸も、水も、空も、地獄絵のようだった。湘桂作戦の第一段階は湖南省の首都、長沙を占領することだった。長沙へ、長沙へと湘江筋を南下するわが地上軍の頭上を、〝隼〟が悪天をついて援護した。しかし、出動機数が少なくて、手がまわらない状態だった。

その隙をねらって、優勢な米空軍の戦闘機がハゲタカのように襲いかかってきた。雨の中を、いたるところで敵機が機関砲を掃射する真っ赤な火柱が立った。輸送部隊と戦車隊が、いちばんよく狙われた。はるばる満州から駆けつけた歴戦の関東軍戦車隊も、湘江沿いの深いぬかるみ道と、橋の破壊にあっては手も足も出なかった。立ち往生しているうちに敵機にねらわれ、残骸と化す戦車が次第に数をましていった。あちらこちらでトラックが燃え、積んでいた弾薬や燃料が爆発を誘発して、乗っていた兵士たちは避難のいとまもなく肉片と化した。

六月四日正午すぎ、長沙の北の湘陰(しょういん)付近の湘江を日本軍の舟艇部隊が南下していた。積荷は長沙攻略用の重砲や砲弾、それに鉄道の修理材料であった。湘江には敵の機雷がプカプカ浮いているので、海軍の艦艇が先頭に立って水路を開きながら進み、陸軍の舟艇百七十隻が後につづいていた。そこを突然、敵のＰ40十二機が奇襲した。アッという間に十八隻も沈められ、約八十人の死傷者を出してしまった。

第四十師団は、洞庭湖を舟艇で渡っているうちに米戦闘機の攻撃をうけ、行動開始後二週間たらずの六月八日には、ヤンマー船百二十隻が四分の一に減っていた。

海軍は海軍で、砲艦一隻を沈められた。もともと敵機の眼を避けるため、夜間行動に限られているのだが、地理不案内の土地で雨の闇夜の行動とあっては、かえって危険が多くて、どうしても昼間になることがある。今日は天気が悪いので、敵さんの見舞いはあるまいと安心していると、突然、超低空で出現したP40の奇襲を食ってやられてしまうのだ。

地上を歩く部隊も、長い雨中の強行軍に足が水ぶくれになり、靴がはけずに落伍するものがふえた。作戦開始後十三日目の六月八日現在の第十一軍の損害は、戦死四百十六人、戦傷者七百二十九人、敵の遺棄死体は五千百十五となった。

六月十四日、悪戦苦闘を続けながら、第十一軍の各部隊は長沙の北方に迫っていた。この日の午後五時に、

「第三十四師団、志摩支隊は岳麓（がくろく）山を、第五十八師団は長沙市街を、それぞれ十六日を期して、攻撃を開始すべし」

と、軍命令が発せられた。長沙にいた重慶第九戦区司令長官の薛岳（せつがく）は、十四日、城外に脱出した。

空では五航軍の惨戦が展開されていた。漢口の西南一四〇キロの洞庭湖の東岸にある岳州とは、河一つへだてて白螺磯という飛行場があった。五航軍の戦闘部隊、第一飛行団はここ

に戦闘司令所を置き、飛行第九十戦隊と第十六戦隊の軽爆（九九双軽）をもって、敵空軍基地の夜間爆撃を繰り返していた。

六月九日、長沙の南の衡陽も零陵も、「雲量10、積層雲隙間なし。雲高三千（メートル）視程不良なり」の悪天だった。その中を午前三時すぎ、九九双軽十四機が零陵飛行場に波状攻撃をかけた。爆撃は成功して、地上の敵戦闘機十一機を炎上させることができ、全機が無事に帰ってきた。また別の爆撃隊は同時刻に衡陽を爆撃して、滑走路を破壊し、戦闘機二機を炎上させた。

明くる六月十日午前三時四十分――九九双軽二十二機が、遂川の夜間爆撃に向かった。雲が深くて、八機が途中で引き返したが、あとの十四機は遂川上空にたどりつくことができた。そして敵の虚を衝いて、地上の敵機、戦爆とりまぜて二十機を爆撃で炎上させ、十五機を破壊するという奇跡的な戦果を挙げた。

しかし、つぶしても、つぶしても、敵機はふえるばかりで、逆にこちらの損害が大きくなっていった。

六月十日現在の敵機配置は、つぎのとおりであった（隼特情班調査）。

（湖南省）衡陽Ｐ40、Ｐ51二十機内外、零陵Ｐ40、Ｐ51十四～十九機、Ｂ25五機内外、芷江Ｐ40十二機、Ｂ25一～二機

（江西省）遂川Ｐ40、Ｐ51十～十七機、Ｐ38十五機、Ｂ25三～五機

（広西省）桂林Ｐ40、Ｐ51四十五機、Ｐ38三～五機、Ｂ25二十七機、Ｂ24十機以上、南

寧Ｐ40八機内外、柳州Ｐ40七機内外
（湖北省）恩施Ｐ40十五機
（陝西省）西安Ｐ40十二機、安康Ｐ40十九機、Ｂ25六機、漢中Ｐ40三十五機、Ｐ47二機、
　Ｂ25三機
（四川省）梁山Ｐ40、Ｐ51十八機、Ｐ38一機、Ｂ25六〜九機、白市駅Ｐ51、Ｐ40三十六
　機、Ｂ25二〜三機、成都Ｐ40五十機、Ｐ47三十四機、Ｂ24、Ｂ25数機

この敵機配置表のなかで注目しなければならないのは、成都基地である。成都基地の異常な現象は、Ｂ29のことだ。成都基地には、それまで毎日、数機ずつのＢ29が配置されていたが、この日はＢ29は一機もいなかった。いや、成都だけでなく、どの基地を見渡しても、Ｂ29は一機も見当たらなかった。そこで、「Ｂ29はいったい、どこへ行ったのか」という疑問がわく。その反面、五航軍がホッと安心したことも事実である。

第二には、成都基地に米陸軍の新鋭高高度戦闘機リパブリックＰ47が、ふえていることだ。実用上昇限度一万二〇〇〇メートル、高度九〇〇〇メートルで最大速力六八五キロを出すというＰ47部隊を成都に配置したことは、成都基地群の防衛を強化する以外の何ものでもない。

それから二日後の六月十二日、〝隼〟（五航軍）の特情班はつぎの情報を伝えた。

「敵空軍は近く桂林、零陵、衡陽、遂川、芷江、梁山、恩地等より大挙出撃を企図しあるものの如し。敵空軍の攻撃目標は、いわゆる〝パリ〟にして、我が武漢地区か戦場地区なるや

不明なるも、旭集団（注・第十一軍）主力の長沙攻撃戦を、うかがいつつあるものの如し。

敵はB25をもって、夜間中支方面に出撃、超低空攻撃を行うこと多し」

また、六月十四日午前四時三十分、隼参謀長・橋本秀信少将からつぎの戦況報告を打電している。宛名の「次長」は参謀本部次長、「支総」は支那派遣軍総司令部、「旭」は第十一軍司令部、「司、甲、登、信、渡」は各軍および部隊の秘匿名である。また「A情」というのは、隼特情班の特情のことである。

五航軍漢参電第三八八号　（六・一四　〇四三〇）
次長、支総、司、甲、登、旭、宛
　　　　　　　　　　　隼参謀長　発
参考　信、渡
最近ニ於ケル敵航空状況
一「ト」演習（注・湘桂作戦）ノ進展ニ伴イ米空軍出撃ノ数（約七割増）ハ、専ラ同方面ニ指向セラレ、其ノ出撃ノ重点ハ、主トシテ健、岩（注・部隊名）正面

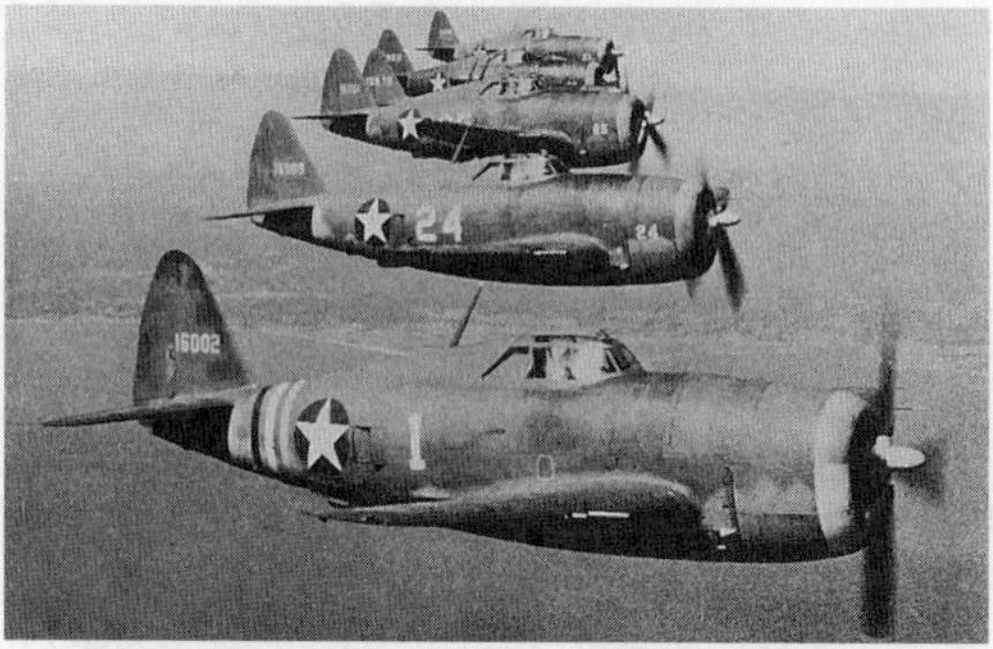

米陸軍の新鋭戦闘機リパブリック P47〝サンダーボルト〟

及舟艇部隊ニ指向シアルモノノ如シ、出撃ノ最高ハ一日平均五十機内外（P40、P51ヲ主トシアルモ、逐次B25トノ戦爆連合増加シツツアリ）ナリ、之ト併行シ夜間B25ノ少数機ヲ以テ、漢口、白螺磯等ノ我カ航空基地ニ対シ攻撃シアリ、又梁山（漢口西方約六〇〇キロ）、恩地（漢口西南西約四五〇キロ）方面ノ兵力ヲ逐次増加シ、同方面ヨリスル宜昌、沙市方面ニ対スル遊撃増加シツツアリテ、A情ニヨル敵ノ西方方面ヨリスル反攻企図ト関連シ、注意ヲ要スルモノアリ、其ノ他ハ安康、西安方面ヨリ「コ」号（注・京漢作戦）及北支那地区ニ対スル出撃竝ニ、桂林ヲ基地トスルB24・B25少数機ノ南支那海船舶ノ攻撃等、依然執拗ニ継続セラレアリ

二　敵空軍ノ兵力配置ハ、六月十日現在左ノ如ク判断セラル

桂林、衡陽、遂川地区　戦爆百七十機以上
雲南地区　戦爆百六十機
重慶地区　戦爆百六十機（内重慶側七十七機）
成都地区　戦爆百四十九機（内重慶側六十五機）

ナルカ如シ

尚七日頃ヨリ、桂林地区ヨリ、芷江ニ米側戦闘機四十八機ヲ分駐セシメ、又、白市駅ヨリ恩施ニ重慶側戦闘機十二機ヲ増強セリ（以下省略）

六月十二日の隼特情と、六月十四日発の隼参謀長の戦況報告は、B29の北九州初空襲直前

のものだけに、注目に値するものがある。とくに重要なのは、六月十二日の隼特情に出ている敵の攻略目標の〝パリ〟である。これはどこかの地名を指す隠語に違いない。しかし、隼特情班は、ついに解読することができなかった。

これは、三日後に大きな侮いを残す結果になった。隼特情班最大のミスは、〝パリ〟を解読できなかったこと、つぎに「武漢地区か、戦場地区か」いずれにせよ、湖南戦線のどこかであろうとの固定した観念の中で解読しようとしたことだ。日ごろからB29関係の特情をあつかっているのだから、湖南戦線にこだわらずに、もっと大局的な判断を下さなければならないところであった。

一方、六月十四日の隼参謀長発の戦況報告にも、内地空襲の危険について、警鐘を乱打する字句が全然見当たらない。激戦に明け暮れる戦闘部隊としては、目前の正面戦場のことしか考える余裕がなかったのであろうか。この点、なんとしても食い足らない。

〝パリ〟の隠語で北九州を初爆撃

その夜、九時三十分、漢口市街に空襲警報のサイレンが高鳴った。昭和十九年六月十五日のことだ。

そのころ、武漢地区は米空軍の夜間爆撃がつづいていて、空襲警報が鳴りひびくことはめずらしくもなかったが、この夜の漢口の空には深い雨雲がべったり張りつめて、夜間爆撃などとうていできそうもない天候だった。

しかし、サイレンのひびきは、まぎれもなく空襲警報だ。漢口飛行場の付近にある第一飛行団司令部で調べてみると、敵機はまさしく武漢地区に襲いかかっている。いや、武漢地区だけでなく広東地区にも、そして南京、上海地区にも空襲警報が同時に発令されていた。こうした大規模な夜間空襲は、これまでに例がなかった。

しかも奇妙なことには、これらの地区を襲った敵機は、少数機ずつ各地区に分散して来襲しており、重く垂れ下がった雨雲の上をしきりに旋回しているが、派手に飛び回るくせに、いっこうに爆撃をはじめようとはしないのだった。ただ、わずかに華北の連雲港付近の海中に、爆弾を四つ、五つ落としただけだった。

ところが、その夜の十時過ぎになって、揚子江上流の奥地から揚子江沿いに東へ下ってきた大型機の別の梯団が、武漢地区の上空を東へ一気に上海方面へ駆けぬけていった。その爆音から推測すると、敵機の梯団は、まさしく四発の大型爆撃機だった。

そして不可解なことには、どれもこれも、

『〝パリ〟へ……』

『〝パリ〟へ……』

という暗号名をつかって機上連絡をしながら、まっしぐらに東へ、東へと進むのだった。五航軍特情班のラジオのレシーバーに、それがありありと傍受された。

『〝パリ〟へ……』

ああ、そうだ。六月十二日の隼特情の中で、すでにキャッチされていたあの〝パリ〟だ。

だが、隼特情班はこの夜も、〝パリ〟という暗号名の謎を解くことができなかった。

そこで、べつに華中、華南地区で爆撃の被害があったわけではないし、しばらくすると大陸各地の空襲警報は、いっせいに解除された。高射砲隊や隼戦闘隊なども、

「敵の野郎め、つまらぬいたずらをしやがる……」

とこぼしながら、それでもホッとして、みんなベッドへもぐりこんでしまった。

ところが、それから七時間ほどたった翌六月十六日の午前五時すぎから、漢口飛行場は戦闘隊、爆撃隊、偵察隊を問わず、てんやわんやの大さわぎとなった。空中勤務者たちは寝ぼけまなこで走りながら縛帯をしめ、それぞれ飛行機の方へ、狂ったかのように駆け寄っていた。プロペラが回る。新司偵があわただしく飛び立っていく。隼戦闘隊は、つぎつぎと離陸を開始する。軽爆機にも始動車が駆け寄って、プロペラを回しはじめている。誰もが、いつもの出撃風景とはまるで違った異様な興奮状態にあった。

それもそのはず、この日の明けがた、正確にいうと昭和十九年六月十六日午前一時すぎ、B29の大部隊が北九州地区を初爆撃したというのだ。発進基地は中国大陸であった。B29の日本本土空襲は、これを序曲として開始されたのであった。

この朝、漢口では第五航空軍司令官・下山琢磨（しもやまたくま）中将が、支那派遣軍総司令官・畑俊六元帥に呼びつけられて、こっぴどく一喝された。あれだけ在支米空軍を警戒せよといいつけておいたのに、このざまはなんだというのである。

五航軍は六月十六日午前五時、大本営からの電報で、初めて北九州爆撃を知った始末であ

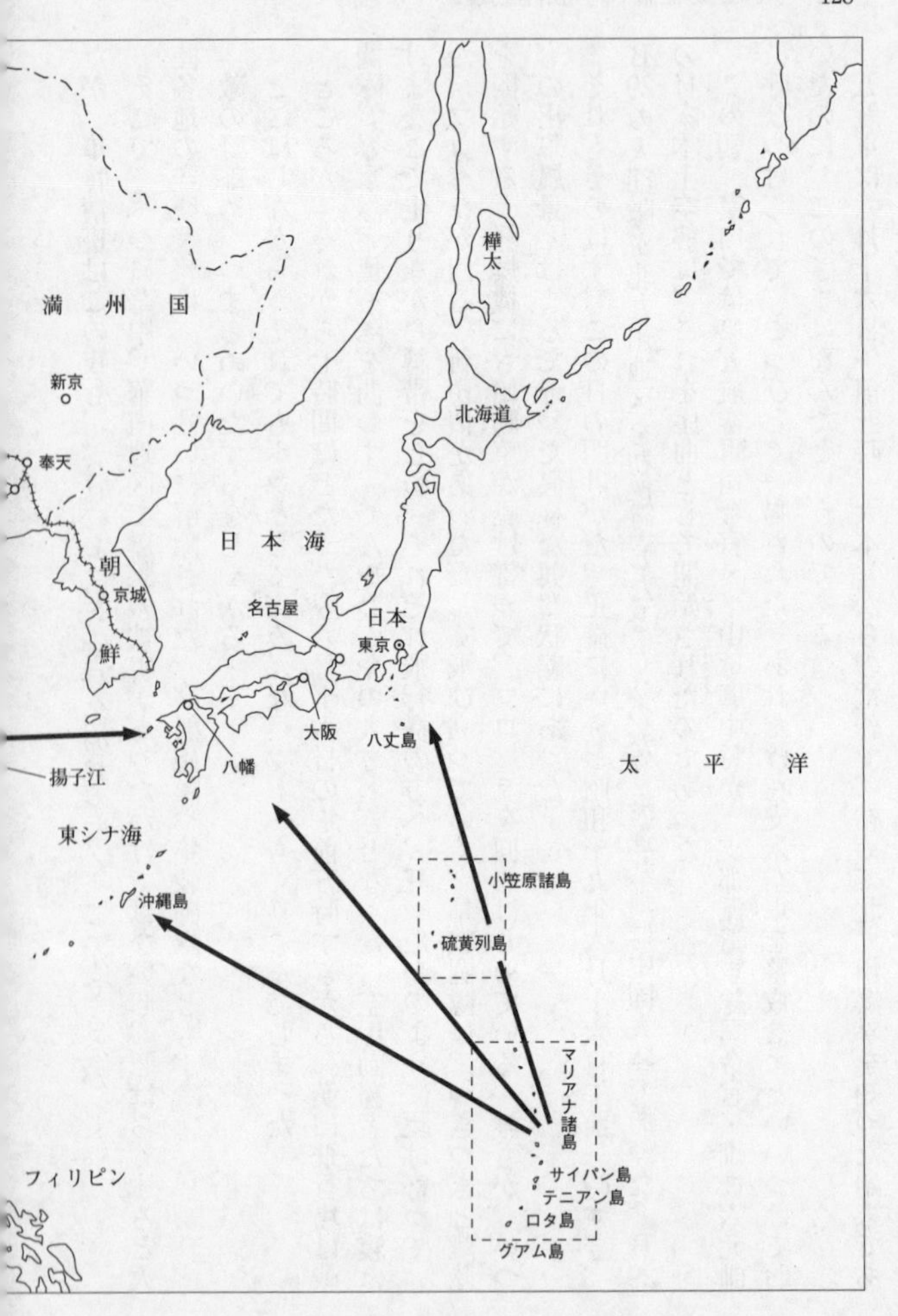
樺太
満州国
新京
奉天
北海道
日本海
朝鮮
京城
名古屋
日本
東京
大阪
八丈島
八幡
揚子江
太平洋
東シナ海
沖縄島
小笠原諸島
硫黄列島
マリアナ諸島
サイパン島
テニアン島
ロタ島
グアム島
フィリピン

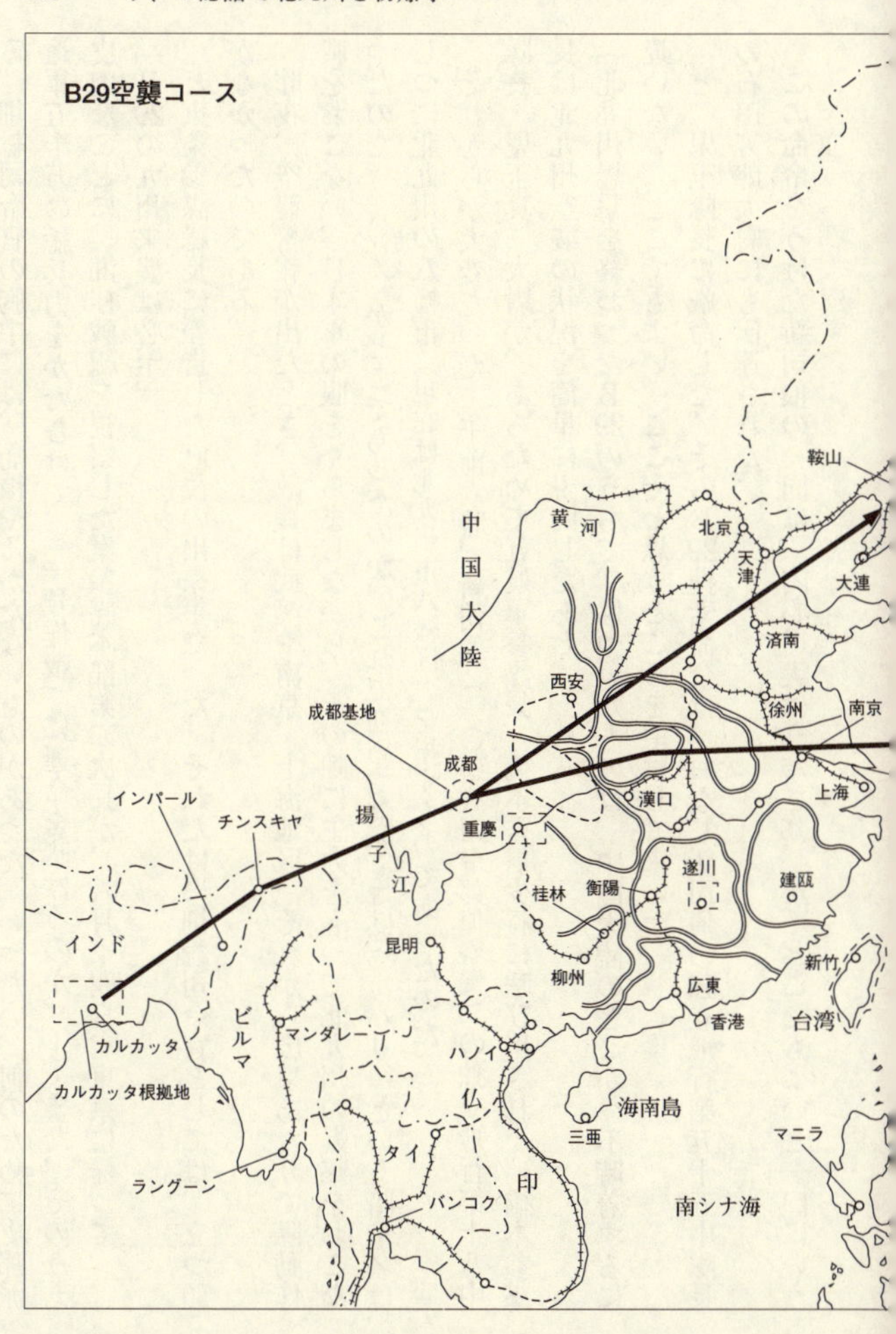
B29空襲コース
中国大陸
黄河
北京
天津
鞍山
大連
済南
西安
徐州
南京
成都基地
成都
漢口
上海
インパール
チンスキヤ
揚子江
重慶
遂川
建甌
桂林
衡陽
インド
昆明
柳州
広東
新竹
香港
台湾
ビルマ
マンダレー
カルカッタ
カルカッタ根拠地
ハノイ
仏印
海南島
三亜
マニラ
タイ
ラングーン
バンコク
南シナ海

る。畑総司令官の胸中には、痛憤やるかたないものがあった。いったい、何のために支那派遣軍五十万の総兵力をかたむけて、『一号作戦』に運命を賭けるのか。――また、そのうえ皮肉なことに、湘桂戦線を視察した秦参謀本部第二次長が、六月十四日、東京に帰って、

「B29の九州来襲は必至」

と東条参謀総長に報告した直後の出来事だった。それだけに畑総司令官としては、立つ顔がなかったのである。

昨夜、空襲警報が出たとき、敵機は武漢や南京、上海地区、それから広東あたりで陽動作戦をおこない、日本軍の眼をくらましながら、その隙に主力をもって北九州の爆撃をおこなったのだ。〝パリ〟がどこであったのか、これで初めて謎がとけた。〝パリ〟という暗号名は、じつに北九州の八幡市（現在は北九州市八幡区）を指すものであったのだ。

それからが大変だった。午前六時、新司偵（一〇〇式司令部偵察機）の独立飛行第十八中隊長・児玉真一大尉が、あらためて五航軍参謀長・橋本秀信少将に呼び出された。橋本参謀長は北九州空襲の状況を簡単に説明したあと、

「北九州爆撃を終わったB29のうちで、傷ついたものは、中国大陸のどこかへ不時着するに違いない。どこでもよい。ここぞと思うところを偵察して来い」

と、児玉隊長に厳命した。そのB29捜索命令は、おなじ新司偵の独立飛行第五十五中隊長の石田芳郎大尉にも伝達された。

この命令をうけた新司偵の一同は、内心、実はうんざりした。どこでもよいと一口にいう

が、中国大陸は無限に広いのである。その上空をあてもなくうろついて、不時着したB29を捜し出すことは、まるで太平洋から一枚の木の葉を捜し出すことにもひとしい。

だが、時も時、参謀長の命令とあらば、致しかたない。そこで新司偵が飛び立つし、一方、隼戦闘隊も、北九州から中国大陸に帰って来るB29の要撃命令をうけ、出動を開始する。まだ九九双軽は、不時着したB29を新司偵が見つけしだい、爆撃する任務を命ぜられて、いっせいに出動するという、てんやわんやの暁の出撃となった。

鼻毛抜かれた畑総司令官

さて、こちらは新司偵——第十八中隊の中で、高堀少尉が操縦し偵察将校の石野中尉が同乗する一機があった。

午前八時二分、高堀機は漢口基地を飛び出したものの、揚子江筋から南は天候が悪く、密雲が張りつめて飛べない。そこで揚子江の北側だけを捜索することになり、漢口東北五〇〇キロの陝西省の敵基地上空を目指して飛び立っていった。ところが、安康付近も天候が悪くて捜索できないので、すこし手前の湖北省老河口の敵基地上空で引き返すために旋回した。

そして、下層雲と中層雲のちょうど中間にぬけ出たところ、およそ二〇〇〇メートル前方のすこし上を、異様な大型機が飛んでいるのを見つけた。その大型機は、ピカピカ光るジュラルミンの生地そのままの、何の色彩もほどこしてない四発の大型機であった。特徴は、フカの背びれのような一枚の方向舵であった。

〝あっ……B29だ！〟

敵B29は、北九州の爆撃を終えて帰還の途中にあるらしく、自動操縦でガッチリと一直線に飛んでいる。高度二五〇〇メートル、速度はうんと落として時速二二〇キロ、巨大な図体で、機首の操縦席の中まではっきりと見える。

〝畜生、待て……〟

と、高堀少尉の新司偵は、三〇〇キロばかりの速度を出すと、すぐB29に追いつくことができた。

しかし、残念なことには、新司偵は一門の機関砲さえ持たない丸腰の偵察機だ。約二十分間追尾したものの、全然手出しをすることができないうちに、敵B29は雲の中へのがれ去ってしまった。

高堀少尉機が老河口上空でB29を発見したとの飛電は、八方に連絡された。

そのころ、一方、同じく新司偵の独立飛行第五十五中隊の渡辺中尉操縦の新司偵が、偵察将校の菰淵少尉を乗せて老河口の敵飛行場を偵察したが、B29の姿は見当たらなかった。そこで安康めざして飛んでいったが、これも天候不良で、安康飛行場へ進入することができなかった。このまま帰るのも業腹だと、渡辺中尉が独断で、安康から東へおよそ二〇〇キロの河南省内郷（ないごう）の敵飛行場の上空へ進入してみた。

ちょうど、朝九時三十分ごろだった。

すると意外にも、内郷飛行場の滑走路の上に、ピカピカ光る四発の大型機が一機、うずくまっているのが遠くから見えた。滑走路の上には、車輪の跡が三本、深く掘られたように刻みつけられているのが見えた。あきらかに不時着である。

〝しめた……〟

とばかり、渡辺中尉の新司偵は、西から東へ高度四〇〇〇メートルの低空で進入して、サッと一航過偵察をおこなった。この瞬間、菰淵少尉が偵察写真機のシャッターを切った。漢口基地に帰って来て、さっそく現像、焼きつけを終え、双眼写真で見ると、方向舵はやはり一枚で、まぎれもなくB29とわかった。ピストには、どっと歓声があがった。新参の菰淵少尉が大手柄を立てたのだ。

五十五中隊からの通報によって、九九双軽の一隊が直ちに出動した。内郷飛行場を襲うと、B29はまだ地上にうずくまっていた。そこで急降下爆撃を加えると、B29の巨体は真っ赤な炎につつまれ、つぎの瞬間には大爆発を起こして空中高く四散した。

これでやっと溜飲を下げたというよりも、五航軍の面子（メンツ）が、どうにか立ったのであった。その後わかったところによると、北九州爆撃後、衡陽と遂川から出した誘導電波に乗って中国大陸に引き揚げてきたが、天候不良のために、各地にバラバラになって不時着したものらしい。成都基地に帰ったB29は六機という情報が入った。

不時着したB29を一機ぐらい焼いてみたところで、敵の大攻勢を食い止められるものではなかった。この日から、揚子江上流の四川省成都基地群から発進するB29の北九州および中国地方西部ないし朝鮮、満州にたいする戦略爆撃が本格的に幕を開いた。

ところで、畑総司令官は六月十六日の第一回北九州爆撃の状況を、つぎのとおり日記に綴っている。

（昭和十九年六月十六日）

在支米空軍ハ数日来、南京、上海等三角地帯及漢口地区等ヲ偵察シ、此方面ニ我カ注意ヲ牽制シテ本朝一時頃例ノB—二九、B—二四等二十数機内外ヲ以テ、不良ナル天候ヲ克服シテ一路八幡、小倉ヲ急襲シタリ、其ノ結果ハ不明ナルモ我ハ七機ヲ撃墜シ、地上損害モ亦軽微ナリトノ大本営発表ナリ、第五航空軍ハ四時頃ニ至リ、漸ク之ヲ承知シ、直チニ沙洋鎮付近ニテ邀撃セシモ、遂ニ之ヲ逸シタルハ、頗ル遺憾ナリ、内B—二九ハ内郷ニ不時着セシモ如何セン我カ第一線ヨリ、一二〇粁モ離レ鹵獲スルヲ得ス、軽爆隊ヲ以テ之ヲ攻撃炎上セシメタリ、聊カ以テ鼻毛ヲ抜カレタル憾アリ、此ノ日ハ天候モ不良ニシテ、我カ戦闘隊ハ、休養態勢ニアリシタメ、之ヲ逸シタルハ、返ス返スモ残念ナリ

湖南戦線で長沙を攻撃していた第十一軍は、六月十七日正午、岳麓山を占領し、翌十八日午後三時には長沙城を完全に占領したが、そのせっかくの勝報も〝内地空襲〟の一大ショックのため、どこかへケシ飛んでしまった。

畑総司令官の日記は、北九州初爆撃の日に、まだ詳報もわからないまま書いたので、後日、これを読んでみると、敵の機数その他正確を欠く点があるのはやむを得ない。またB29のほ

かに、コンソリデーテッドB24が随伴したと記しているが、これは北九州で要撃したわが飛行第四戦隊の報告にもとづくものと思われる。事実としても、爆撃本隊はやはりB29であって、おそらくB24は本隊を誘導するために、遂川から発進したのではないかと推定される。そして、これも後でわかったことだが、B29部隊は六月五日、バンコクを爆撃している。この時の出動機数は八十四機で、日本軍が管理していた鉄道工場を爆撃した。これがB29部隊の第一回出動で、北九州爆撃の予行を兼ねた作戦であった。それから十一日目に北九州を襲ったのだ。

ねらわれた八幡製鉄所

昭和十九年六月十六日の第一回北九州、八幡地区空襲の状況は、つぎのとおりであった（五航軍の資料にもとづいて、筆者がとりまとめたもの）。

（兆候）五航軍は最近のB29の増強は、日本本土の空襲を企画するためであろうとの疑いを持っていた。しかし、直接的兆候としては、六月十二日ごろより、建甌（福建省の敵基地）の急速な使用を要求したほかは、何もなかった。

（B29の出撃基地）主力の出撃基地は、成都周辺の新津および彭山などと判断される。右飛行場で、六月十五日十八時三十分、B29一機浮揚せず、稲田に墜落炎上、飛行士が脱出という事故があった。

（月の出時刻）六月十六日の月の出時刻は、八幡一時五十分、南京二時四十九分、漢口三時八分、成都三時五十分、月齢二十四・三であった。出撃時刻は月の出の前後約二時間の間を選定したものと判断される。この日、中南支一帯は悪天候、通過地は支障なし。北九州は好天だった。反省として、広域圏気象上の見地から、空襲企図を判断する必要があった。

（B29の爆撃行動）　B29部隊は一部をもって、武漢・南京・上海・広東方面に陽動した。主力は六月十五日夕、成都付近の基地から発進した。その際、日本空襲の企画が洩れることを恐れて、中国全土にある米空軍基地とは、全然連絡をとらなかった。そのため各基地は、B29が頭上を飛んだとき、〝日本空軍の来襲だ〟と早合点して、大さわぎをした。

陽動作戦部隊の漢口地区進入は、十五日二十一時五十分〜二十三時三十分の間。機数不明。広東地区進入は、二十一時五十分〜二十四時十八分の間。東から来襲して、照明弾を投下しつつ、十次にわたって天河、白雲、南村の各日本軍航空基地周辺を爆撃。兵三人負傷。また、南京、上海地区へは二十二時十五分〜十六日零時三十四分の間に進入。延べ十数機。うち一機が連雲港付近の海中に爆弾五発投下しただけであった。

陽動作戦で日本軍の眼を釘づけしているすきに、主力は十五日二十二時から二十二時三十分の間に上海北方を通過し、黄海上空に抜けていった。そして、済州島の西方約一〇〇キロの上空に現われ、それから熊本、中津川方面に一機ずつ飛ばして、また、陽動作戦を行なった。

そのすきに主力は対馬上空に出て待機した。その夜の〝パリ〟（八幡）の月の出は、十六日一時五十分で、月齢は二十四、上空約三五〇〇メートルに煙霧がかかっていたが、快晴、明るい月夜だった。

やがて一機が先行しながら、電波で主力を誘導した。二〜五機ずつの群に分かれて、五分間隔で八幡を目指した。巡航真速度四一〇キロ内外、最大真速度約六〇〇キロ、そして十六日一時三十四分〜四時十五分の間に、八幡製鉄所のコークス炉をねらって波状爆撃を加えた。しかし、付近の他の工場から灯火がもれ、そこを八幡製鉄所と誤認して爆撃した敵機もあった。

（わが防空戦闘）北九州の防空戦闘隊は、敵機来襲を察知し、要撃した。飛行第四戦隊の報告によると、敵機はＢ29、Ｂ24約二十四機となっている。敵機の進入高度は五〇〇〇メートルないし四〇〇〇メートルで、二〇〇〇メートルぐらいが多かった。爆撃は単機で行ない、その場合に二〜三機が上空で援護した。爆撃後は急旋回して、全速離脱した。最初に進入した敵機は翼灯を消していたが、三時以降の敵機は翼灯を点じていた。

第四戦隊は二式複座戦闘機〝屠龍〟（キ－45）二十四機で要撃したが、Ｂ29の速度があまりに速いので、主にＢ29の後下方にもぐり、連装の上向砲（三七ミリ機関砲）で攻撃した。上向砲の威力は絶大で、Ｂ29七機を撃墜、三機を撃破した。このときは地上の照空灯に照らされ、味方の高射砲の弾幕をくぐって空中戦闘をつづけたが、さいわい被害はなかった。高射砲の発射九千発というから、まさに乱射乱撃であった。

（Ｂ29部隊の帰路）帰路は六月十六日一時十三分〜三時三十分の間に、十八機が十三回にわたり壱岐南方上空を通過して、中国大陸を揚子江にそって南京、信陽、沙市付近を成都に向かった。しかし、悪天と被弾のため途中、恩施（湖北省）に二機、河南省内郷に一機不時着した。その他にも不時着機があったとみてよい。内郷のB29が、日本軍の新司偵に発見されて、爆撃されたことは、前に述べたとおりである。

昭和十九年現在、日本製鉄八幡製鉄所は、全国銑鉄生産高の三十パーセントを生産していた。日本の戦力をたたきつぶすため、B29部隊がここに目をつけたのは当然であった。六月十五日午後十一時三十分、済州島の電波探知機隊から、西部軍司令部（司令官・下村定中将）にたいし、突如、

『二三・三一、彼我不明機、二九〇度六〇キロおよび一二〇キロ付近を東進中、二三・四六、済州島北五〇キロ』

との急報があった。しかし、支那派遣軍からはなんの通報もなかったので、西部軍は判断にまよったが、とにかく六月十六日午前零時二十四分に空襲警報を発令した。それから四十七分後に、敵機が侵入した。済州島警戒隊（隊長・斎藤中尉）の大手柄だった。

迎撃したのは、小月の第十九飛行団（団長・古屋健三少将）の飛行第四戦隊（戦隊長・安部勇雄少佐）で、在空常時八機をもって戦い、撃墜七（内不確実三）、撃破四の戦果をあげた。味方は被弾一機の損害だったが、八幡の市街地では数百人の死傷者を出した。八幡製鉄所の損害は少なく、生産に影響はなかった。

なお、後日、米陸軍当局が発表したところによると、北九州第一回爆撃のため、六月十三日には、インドから成都へB29九十二機が到着した。そして十五日、成都を進発したのは六

十八機であった。

このうち八幡上空に到着したのは四十七機で、日本戦闘機十六機の攻撃をうけたが、命中弾なく、高射砲弾で六機が軽微な損害をうけた。帰還飛行で六機が墜落、一機が内郷に不時着して日本機の攻撃をうけ炎上した。結局、七機と、人員五十五人を失った。また、八幡に到達しなかった他の二十一機のうち、十三機は中国大陸の日本占領地区を臨機に爆撃した――となっている。

北九州地区には、撃墜されたＢ29の残骸があったから、この発表もどこまで信じてよいのかわからない。

第二十爆撃集団、成都基地へ

八幡地区を空襲した敵機がＢ29であったことは、陸軍航空本部の技術将校が、撃墜された敵機の残骸を調べた結果わかった。Ｂ29の第一撃をくった八幡製鉄所の被害はわずかだったが、国民がうけた精神的ショックは、大きかった。

大本営は大東亜戦争開戦前から、米国がＢ29をつくりつつあった情報をキャッチしていたし、Ｂ29の生産累計が四百機を上まわる昭和十九年五～六月ごろから、対日空襲がはじまるだろうとの見込みまでつけていた。だが、発進基地については、中国大陸だという説と、太平洋方面だとする説に分かれた。また大陸基地論者にしても、四川省成都方面か、広西省桂林、柳州方面か、きめかねていた。

しかし、一号作戦を発令した昭和十九年一月二十四日の大本営命令「大陸命第九二一号」には、大本営は、

「西南支那における敵空軍の主要基地を覆滅せんことを企図す」

とあるから、西南支那、すなわち桂林、柳州地区を、対日空襲基地として重視していたことになる。ところが実際には、Ｂ29は成都から来襲した。大本営は見当はずれであったわけだ。

それまでに大本営がキャッチしたＢ29の情報は、正確であった。一例をあげると、

「米空軍成都進出」

の情報が入った昭和十九年一月二十二日には、成都基地群の建設工事開始（一月二十四日）のために、米空軍関係者が成都に集結していたときである。また、

「インドに多数のＢ29が到着した」

という情報をにぎった同年の四月二日は、カルカッタ根拠地群のチャクリア基地へ、第二十爆撃集団の先遣隊が到着した日だった。第二十爆撃集団は、四月下旬から、五月上旬までにカルカッタ基地群への展開を終わっている。

しかし、その時期には大本営としては、Ｂ29の根拠地がまさかカルカッタ付近にあろうとは、思ってもいなかった。また、Ｂ29部隊はシエンノート一家なのか、別の部隊なのかについても知るよしもなかった。その正体がわかったのは、昭和十九年六月十六日、第一回の北九州爆撃があってからのことだ。

それにしても手まわしが悪かったのは、六月の段階でまだ実施できなかった「西安占領作戦」だ。西安と漢中の両基地を占領しておけば、そこから発進する五航軍の航空攻撃によって、成都基地群からかなりB29を追っ払うことができたであろう。

第一回北九州爆撃がおこなわれた日に、米陸軍省は、

「米国陸軍航空隊第二十戦略爆撃集団所属のB29型〝スーパー・フォートレス〟(超空の要塞)部隊は、日本を爆撃した」

と発表した。これにつづいて、同日、マーシャル参謀総長は、つぎのとおり発表した。

「B29は世界的規模で使用せられるであろうが、単一司令官のもとに、連合参謀部を置き、単一化された中央司令部のもとに、作戦を行なうであろう。アーノルド大将が、B29爆撃機による世界中の爆撃作戦の指揮に当たる」

さらに米陸軍省は、第二回発表として、

「日本を爆撃したB29は、インド、中国から出動した。B29の性能は翼幅一四一・二一フィート(四三・〇六メートル)、全長九八フィート(二八・八九メートル)、全高二七フィート(八・〇三メートル)、長さ一六フィート(五・〇三メートル)、四翅ペラ、十八気筒放射状ライトサイクロン発動機四基、離陸時に二千二百馬力の動力を生ず」

と伝えた。

どれも簡単な発表ではあったが、これによって、大本営は初めてB29戦略爆撃部隊の出現を知った。

一口にいうと、シエンノート少将の第十四航空軍とはまったく別の、世界的規模で運用される一大戦略爆撃集団であるということだ。そしてそれは第二次世界大戦中、最大、最強の破壊力を持ったオールマイティー部隊の出現なのだ。なんのことはない、シエンノート少将は、とんびにあぶらげをさらわれた形だった。

同年（昭和十九年）六月二十日、支那派遣軍総司令部あて、大本営からつぎのような飛電がとどいた。

『米第二十航空隊（B29型を主とする爆撃部隊にして、司令官ウォルフ准将は支那にあり）は、連合軍合同参謀本部の管理下、米国陸軍航空司令官、アーノルド直轄指揮下に運用せられ、一方面の戦場のみならず、その航続距離を増強して、各方面に対し、敵戦略目標の攻撃に広く使用せらるべし。

今次北九州空襲は、工業資源の全面的破壊を目的とする戦略的爆撃計画を開始せるものにして、この種爆撃は海軍機動部隊と同様、戦略上特定の目標を選定せんとするものなり。

帝国本土はもちろん、満州、北支那等の工業資源地帯、占領地域等の資源要域、海上交通破壊のため船団、海港あるいはタイ、仏印、フィリピンの首都、昭南（シンガポール）等を攻撃すべし』

支那派遣軍総司令部から、この大本営情報をうけた五航軍は、各戦隊にたいして同じ趣旨の説明を流したが、その際、

「第二十爆撃集団護衛のため、新型機（P47）編成の第三一二戦闘飛行団が成都に入りこんだから、気をつけろ」

という警告を付けくわえた。

いずれにしろ恐るべき〝殺し屋〟の登場だ。当時、量産に入ったばかりのB29はまだ〝実験段階〟にあった。そこで、第一回北九州爆撃の直前（六月五日）に、バンコクの鉄道工場を爆撃して、テストをした。

このときは、レーダーを使って高高度の精密爆撃をしたが、効果はほとんどなかった。そのうえ、日本軍戦闘機の反撃をうけ、帰途、数機不時着という代価をはらったが、貴重な体験を得たことは事実だ。そして第二のテストが、八幡製鉄所の爆撃であった。

新司偵、成都で食われる

漢口から西南へ一四〇キロ離れたところに、白螺磯という日本軍の前進飛行場があった。ちょうど岳州の北岸にあたり、洞庭湖にのぞんだ景色のよい土地だ。第一飛行団は、ここに戦闘司令所を進めていた。

北九州が爆撃されてから九日目の六月二十四日のことだった。一飛団の情報によると、その日、成都基地群にはB29が二十機内外、着陸していた。一飛団がB29の動きを警戒しているとき、突如、一飛団特情班の敵無線傍受用のラジオに、中国語で奇妙な事件の速報が飛びこんできた。

きいてみると、四川省成都基地群の太平洋飛行場から、その日の午後五時三十分ごろ、重慶空軍のカーチスP40戦闘機に乗って逃げ出した重慶空軍のパイロットがあった。

この乗り逃げ機は、揚子江沿いに東へ突っ走り、宜昌(ぎしょう)から洞庭湖北岸の上空に出現した。怒った重慶空軍が各無線局に手配して、途中の基地から戦闘機を追尾させる状況が、刻々と手にとるようにわかった。

それが洞庭湖付近に現われたものだから、白螺磯から〝隼〟二機が警戒に飛び立った。だが、そのうちに乗り逃げ機が行方不明になったので、夜八時三十分ごろ、〝隼〟は白螺磯に着陸しようとした。

と、その瞬間、P40一機が南西から超低空で、白螺磯飛行場に進入してきた。アッと仰天した〝隼〟二機は、とっさに離陸し、一連射をくわえたが、弾丸はそれた。飛行場大隊も狙撃したが命中せず、そのうちにどうしたことか、このP40は脚を出して一旋回後、滑走路に着陸してしまった。機首にものすごいワニザメの顔をえがいたP40だった。

操縦士を生け捕って調べてみると、彼は重慶空軍第一大隊四十四中隊の分隊長で、周世仁という二十五歳の空軍中尉だった。漢口の近くの生まれで、杭州空軍学校を卒えて空軍入りをした。その日、日本軍に投降するため、P40を乗り逃げしたものだという。脱走した原因は、米空軍が中国人飛行士を馬鹿にしたり、また弟と結婚するばかりになっている従妹を、米人将校がつけ回すのに腹を立て……ということだった。そんなことよりも、日本軍にとって収穫だったのは、彼が成都基地のB29について、ある程度の情報を自白したことであった。

ところが、彼は、その際、「自分の両親は重慶に住んでおり、自分が日本軍に投降したことがわかると、危害を加えられるから、自分は戦死したと発表してほしい」という条件を出した。そこで一飛団は、彼が不時着と同時に機体が炎上して焼け死んだことにして、ラジオで敵地区へむけて放送してやった。

彼は六月十六日、北九州を爆撃して新津（成都基地群）に帰還したB29は九機で、他はどこへ着陸したのか知らないといっていた。またB29は燃料不足のため、日本空襲はそう頻繁に決行できないだろうと説明した。

だが、そんなことは気休めにすぎない。五航軍は〝シエンノート一家〟にさえ手を焼いているところへ、こんどはB29という強敵を背負いこむ状態になった。支那派遣軍としても、成都から北九州を爆撃されたので、一号作戦が無意味になったというわけのものではない。むしろ、これによって東条参謀総長の持論のとおり、作戦目的を敵航空基地の覆滅一本に徹しきらなければならない新段階を迎えたことになった。

大本営も支那派遣軍も、成都基地のB29に網をかぶせるため、B29対策に必死となった。しかし、広西省桂林なら占領できるが、雲煙万里の揚子江上流、四川奥地の成都とあっては、手も足も出せない。重慶より二五〇キロも遠い奥地だ。

B29は成都〜北九州間約二六〇〇キロを約七時間で飛びきり、爆撃したうえでゆうゆうと帰還するという無着陸長距離飛行の放れ業をすることができる。しかし、わが方には、漢口〜成都間一〇〇〇キロさえ、まともに飛べる爆撃機はなかった。

五航軍は、とりあえず成都基地の状況を偵察させるために、昭和十九年七月五日、漢口基地の独立飛行第十八中隊に捜索命令を下した。吉井喜水中尉が操縦する新司偵（一〇〇式司令部偵察機）は、偵察将校の吉田実中尉を乗せて、午前九時、飛び立っていったが、ついに帰ってこなかった。

重慶発の外電によって、吉井機は成都付近で敵機の攻撃をうけ、撃墜されたことがわかった。B29援護のため成都入りをした米陸軍第三一二戦闘飛行団の新鋭高高度戦闘機P47に食われたのだ。

七月十二日に成都偵察に出た新司偵も、同じ運命になった。八月三日には、第十八中隊長の児玉少佐が操縦（偵察・松本文雄中尉）して、山西省運城（うんじょう）飛行場から発進したが、飛行機故障のため運城付近に不時着して、機体は大破した。乗員は日本軍に救出された。

その後も、繰り返して偵察機を飛ばしたが、そのたびP47に迎撃されて撃墜され、成都の偵察は失敗した。五航軍は新司偵二型では性能上、P47から逃げきれないため、陸軍中央部にたいし、性能のよい新司偵三型の補給をもとめた。

一方、支那派遣軍は内地の抜き打ち空襲を防ぐため、大陸の情報通信網を強化した。

また五航軍は、窮余の手を考え出した。その第一は、虎の子の軽爆（九九双軽）を遠距離夜間攻撃機に改装する。軽爆の機関銃をとりはずし、補助燃料タンクをつめば、なんとか成都の夜間爆撃ができるだろう。

つぎは新司偵の翼の下に、「タ弾」二発をつるして、空中でB29を爆撃する。この「タ弾」

のことは後で述べる。

第三には無線帰来法設備の増設——つまり、味方の成都爆撃隊が帰り途に迷わないように、漢口から誘導電波を出す設備だ。

こうした研究は、漢口の第二十四野戦航空修理廠が中心となって進められた。このようなことで、成都のB29基地群にたいするわが方の爆撃は、なかなか実施できなかった。

爆撃王、ルメイの登場

ところで、第一回北九州爆撃の翌日（昭和十九年六月十七日）——大本営に、

『第二十爆撃集団司令官ケネス・B・ウォルフ准将は、陸軍航空軍本部（注・米国）資材部司令官に任命された。後任はルメイ少将』

カーチス・E・ルメイ少将

という情報（外電）が入った。ルメイ少将の登場は、彼の名を知るものに——非常にせまい範囲だが——異常なショックをあたえた。ウォルフ准将は技術家で、米陸軍当局が一九四一（昭和十六）年の九月、ボーイング航空機会社にたいして、B29の第一回発注をした当時の発注官であった。爆撃戦術については、しろうとである。
カーチス・E・ルメイ少将は、米空軍きっての爆撃戦術家であった。彼は、それまで米陸軍第八航空軍の爆撃

集団司令官として、イギリス本土からボーイングB17「空の要塞」をもって、ドイツの絨毯爆撃をしてきた猛将だ。その年の六月六日、連合軍がノルマンディに上陸してから、ドイツの敗戦が決定的となったので、アーノルド大将はルメイ少将を対日戦に投入したのであろう。ルメイ少将が第二十爆撃集団司令官となったことは、ドイツと同じように、日本にたいしても絨毯爆撃を加えることが予想された。

外電によると、ウォルフ准将は、

『自分は約一年、B29の製作を担当したが、第一回北九州爆撃の結果はだいたい良好であった。次回空襲のときにはB32を持参する』

と、成都で送別会の席上演説して、七月六日、米本国へ帰った。B32はB29の対抗馬として、コンソリデーテッド社がつくった超重爆だが、その後、B29の声価に圧倒されて、量産に入らずに姿を消した。

ところで、ウォルフ准将がたった一回、八幡を爆撃しただけで、なぜ第二十爆撃集団司令官をやめさせられたか――。

それは、アーノルド大将にきらわれたからだった。第一回北九州空襲の直後、アーノルド大将はワシントンから、ウォルフ准将にたいして七月早々、日本本土をふたたび空襲すること、満州の鞍山（あんざん）製鉄所を破壊すること、スマトラのパレンバン製油所を爆撃することを命じた。

しかし、燃料、弾薬を自給自足しなければならないため、補給難で参っていたウォルフ准将は、大部隊の出撃は燃料不足で困難であることを説明し、逆にB29を増強し、燃弾の輸送を専門の米航空輸送団に切り替えることを要求した。このためアーノルド大将は立腹して、ウォルフ准将を解任した――ことが、後日わかった。ルメイ少将が着任するまでの間（七月～八月）は、副司令官のラーバン・サンダース准将が司令官代理となった。

アーノルド総司令官は、爆撃目標の選定も使用する爆弾の種類も、直接、サンダース准将に指示した。つまり、ワシントンからの押しボタンで、B29は出動したのであった。

第二回の北九州爆撃は、昭和十九年七月七日の夜から八日の払暁にかけて行なわれた。そして成都からの戦略爆撃は、しだいに本格化した。

昭和十九年の夏から秋にかけてのB29の爆撃記録は、つぎのとおりである。

（七月七日夜～八日払暁）八幡製鉄所ほか長崎、大村、佐世保地区爆撃、十数機。

（七月二十九日昼）満州の鞍山製鉄所を中心に本溪湖、大連、塘沽、鄭州を爆撃、五十五機以上。

（八月十一日午前一時）長崎を中心に小倉、八幡、島根、釜山地区爆撃、二十機内外。

（八月十一日夕）スマトラのパレンバン製油所爆撃、三十数機。

（八月二十日昼）八幡製鉄所および中国地方西部を爆撃、八十機内外。

（八月二十一日夜）八幡製鉄所および中国地方西部爆撃、二十機内外。

（九月八日昼）鞍山、本溪湖爆撃、百七機。

（九月九日）鞍山爆撃、十機。

（九月十二日）マレー半島西岸のタイ、ビルマ国境のビクトリヤポイント爆撃、約十機。

（九月二十六日）鞍山爆撃、七十数機。

（十月十四日）台湾、高雄北方の岡山航空機工場および台南、屏東の工業、港湾施設爆撃。

（十月十六日）同右。

（十月十七日）同右。

（十月二十五日）長崎県大村海軍工廠爆撃。

（十一月三日）パレンバン、バンコク、ラングーン爆撃。

（十一月五日）昭南（シンガポール）、クワラルンプールその他二ヵ所爆撃、三十機内外。

（十一月十一日）長崎県大村および南京、上海地区爆撃、百四十機。

（十一月二十一日）大村爆撃、六機内外。

ルメイ、得意の絨毯爆撃

垂直尾翼に番号がついたB29は戦闘隊機、そして「R」がついたB29は偵察機であった。爆撃前には、たいてい偵察機が飛んでいる。満州の場合には、P38が偵察するときもあった。そして写真を撮り、目標を確認し、気象を調べて爆撃行動を起こすのは、どこの空軍でも同じだ。

昭和十九年七月七日夜から八日払暁にかけての、第二回北九州爆撃の帰途を要撃するため、中国大陸戦線では、漢口基地の新司偵――独立飛行第十八中隊と、第五十五中隊が八日午前三時に出動して、揚子江南北岸の敵基地をしらみつぶしに偵察した。

午前八時二十五分、第十八中隊の浅沼少尉（偵察）、山内伍長（操縦）機が四川省梁山（漢口西方五九〇キロ）の敵基地へ、高度九五〇〇メートルで進入したところ、Ｂ29一機が着陸しているのを発見した。一方、五十五中隊の菰淵少尉（偵察）、根津曹長（操縦）機も、午前七時三十分、江西省遂川基地へ進入し、九三〇〇メートルの高高度から、着陸中のＢ29（？）四機を発見した。しかし、いずれも新司偵ではどうにもならず、結局、戦闘隊が急襲したときには、Ｂ29は逃げ去ったあとだった。

七月二十九日、快晴。午後一時～二時の間に、Ｂ29五十五機以上と、Ｂ25五機が満州の鞍山製鉄所その他を襲った。

鞍山では高度四〇〇〇～六〇〇〇メートルで、数次に分かれて製鉄所にたいし精密爆撃をしたが、爆弾の黒煙がもうもうとあがって、後続機は目標をつかめなかった。

このため、被害はわずかにとどまった。鞍山戦闘隊は十機で迎撃し、Ｂ29を二機撃破したが、米軍側は「Ｂ29一機撃墜されたが、日本機三機撃墜、四機撃破した」と発表した。

河南省新郷基地の役山戦闘隊は、このＢ29部隊が鞍山へ向かう途中、Ｂ29一機を撃墜した。そして帰途を待ち伏せ、〝鍾馗〟三機がＢ29八機と交戦して、二機を撃破（その後一機墜落）した。

八月十一日のパレンバン製油所空襲は、午前三時半から約一時間にわたって行なわれた。高度四〇〇〇メートルから緩降下に移り、一航過投弾をして離脱したが、投弾前後の速度は約五〇〇キロで、あの図体にしては驚異的なスピードであった。

わが戦闘隊は、〝屠龍〟（二式複座戦闘機）九機で要撃し、二機撃墜、二機撃破した。地上の被害は石油タンク一個炎上、B29としては、そろばんに合わなかったが、有史以来の遠距離爆撃を敢行したという点で意義があった。アーノルド大将は、日本の航空燃料の大部分を生産するパレンバン油田をつぶすために、B29部隊を往復六〇〇〇キロも飛ばしたのだ。彼らは途中、セイロンの英空軍基地で燃料を補給した。

この日、別の一隊は、三回目の北九州爆撃をした。午前零時四十分から二時までの間に、長崎を中心に八幡、島根、釜山地区を襲った。二十機内外だったが、焼夷爆弾を登場させた点が注目された。

米陸軍省は、この日のパレンバンと北九州攻撃で、「B29三機を失い、一機は、中国大陸に不時着して日本機に掃射された。また、長崎では日本機一機を撃墜した」と発表した。

八月二十日、B29約八十機によって、第四回の北九州爆撃がおこなわれたが、このときには激烈な空中戦が展開され、わが戦闘隊は初めて〝体当たり〟の特攻戦術を敢行した。

この日、午後五時二十分から六時までの間に、いくつかの梯団に分かれたB29が、おもに八幡製鉄所の熔鉱炉を爆撃したが命中しなかった。

わが戦闘隊は、B29二十三機を撃墜したが、このうち三機は、体当たりの特攻攻撃によって落としたものと、発表された。米軍側の発表は、「B29四機が撃墜された。このうち一機は体当たり、一機は地上砲火で落とされた。撃墜した日本機は十七機、撃破八機」であった。

つづいてその夜（八月二十一日）の午前零時から約一時間、Ｂ29約二十機がふたたび八幡と中国地方西部に来襲したが、雲が低く、爆撃の損害は軽微であった。

八月二十日のＢ29部隊の損害は、いろんな意味できわめて大きかった。撃墜される直前に、パラシュートで飛び降り、日本軍に捕えられたＢ29の捕虜が、約二十人もあった。後日、日本軍は、この捕虜の口から、Ｂ29部隊についての貴重な情報をキャッチすることができたのである。

ビルマのラングーンを爆撃する第468爆撃戦隊のＢ29

このときのＢ29部隊の成都帰還は、惨憺たるものであったようだ。八月二十一日の午前零時から一時半の間に、梁山基地に不時着したＢ29が八機もあった。大陸各地への不時着も相当あった模様で、なかには方向をとり違えて、ソ連領のハバロフスクあたりに不時着したのさえあった。ソ連側は、このとき押収したＢ29を見本にして、ソ連空軍の爆撃機をつくったと伝えられている。

Ｂ29戦略爆撃集団の新司令官ルメイ少将は、八月末に着任した。だから、九月八日の鞍山爆撃から彼が登場した。果たせるかな、この日の鞍山攻撃では、

〝ルメイ戦術〟らしい幾つかの新しい特色が現われている。

鞍山爆撃はB29九十八機によって、午後一時三十分～二時四十分の間におこなわれた。また、別に九機が午後二時四十分、本溪湖(ほんけいこ)の製鉄所や炭鉱を襲った。総兵力百七機、初めての大出動だ。

鞍山上空では、爆撃高度七〇〇〇メートルないし八五〇〇メートル、計器速度は三一〇キロ～三二〇キロ、ちょうどわが〝鍾馗〟の低ピッチ全開と同じ速度だ。当然、〝鍾馗〟の猛攻をうけたが、B29の大編隊は、回避のための大機動をおこなわず、爆撃コースをまっしぐらに突き進んで、すさまじい絨毯爆撃を加えた。このような堂々たる直進は、これまでには見られなかった光景だった。

爆弾投下と同時に、小さいセルロイド板（一〇センチ平方）が、あられのように投下された。これも初めてのことである。このセルロイド板は焼夷カードではないかといわれた。米空軍は、ドイツで焼夷カードをバラまいていた。ドイツの例によると、厚さ三ミリ、大きさ三センチないし五センチ平方のセルロイド板を二枚合わせて、その間に二硫化炭素に黄燐をふくませた脱脂綿を入れてあった。

投下すると黄燐が自然発火して、セルロイドが燃えるという〝火事の素〟である。一枚の重さは五グラムないし三〇グラムで、B29一機で百万枚つめる計算になる。家を焼くだけでなく、これを田畑にまくと農作物は焼けてしまうという、やっかいなものである。B29は、日本を灰にするためにいろんな実験をしていたのだ。

鞍山爆撃後、変針して四～五分後には隊形をととのえ、全速飛行にうつったが、〝鍾馗〟の威力圏では高度を低下して速度の伸張をはかり、〝鍾馗〟の攻撃を予知すると急上昇して、高高度でふり切るなど、あざやかな手際を見せた。

この一戦の戦果について、日本軍は「B29撃墜三十機以上、我が方未帰還四機」と発表し、米軍は「日本機爆撃八、不確実撃墜九、撃破十。我が損害四」と発表した。これとは別に、飛行第九戦隊の〝鍾馗〟五機は、河南省の開封付近で鞍山にむかうB29を八機撃破し、帰路を待って三機を撃墜（内不確実二）、一機を撃破した。

十月十四日の台湾、高雄港やその北方の岡山航空機工場の爆撃は、米海軍機動部隊との協同作戦であった。機数は百二、三十機。また、十月二十五日の大村爆撃では、焼夷爆弾をつかっている。

十一月十一日の大村爆撃は、台風を衝いておこなわれた。機数百四十機、最高の出動記録だ。大村に進入したのは三十機内外で、大部分は台風のため途中引き返し、南京浦口の鉄道や発電施設をたたいた。

B29の捕虜は語る

B29の出撃間隔がしだいに短縮され、一回の出撃機数もふえていくにつれて、大本営の焦りが激しくなった。それにしても、不思議な現象がときどき起こった。それは、隼特情班の調査によると、成都基地にB29が一機もいない日があるのだ。いや成都だけではなく、中国大陸の敵基地のどこにもいない日があった。

〝これはおかしい。B29根拠地は別にあるのだ〟——ということになった。B29の捕虜を調べることによって、その謎がだんだんと解けてきた。怨敵B29の根拠地は成都でなく、なんとヒマラヤ山脈の向こう側の、インドのカルカッタ付近にあったのだ。

B29戦略爆撃隊に関する捕虜の供述(1)

(昭和十九年八月二十日、北九州を爆撃したB29の捕虜に対する西部軍の調査記録要旨)

一　第二十爆撃飛行師団(筆者注・師団ではなく、実際は集団)編成その他——

第二十航空軍(AF)は、米本国に在って、長官はアーノルド大将が兼ねた。右隷下に第二十爆撃飛行師団があることは確実で、他の師団は明らかでない。

第二十爆撃師団各戦隊は、昨秋以来、訓練を開始、昭和十九年四月ごろ入支したと判断される。訓練は飛行機訓練約三ヵ月を経て、一応、本国訓練を終了、後はインドで実施した。

目下、インドに在る第二十爆撃師団の兵力は、第四十、第四四四(または第三四四)、第四六二、第四六八の四個爆撃戦隊(グループ)で、各戦隊は四個中隊(スコードロン)および四個整備(?)中隊(メインテナンス・スコードロン)、一個戦隊定数三十二機(一個中隊八機)にして人員総計千二百〜千五百人とのことである。

第二十爆撃飛行師団は、カルカッタ付近を根拠地として、一個戦隊が一ヵ所の飛行場を専用している。師団司令部所在地はカラグプール。

今春（筆者注・昭和十九年）四月ごろ、さらに一、二個戦隊の編成に着手したようで、全数の編成完結には、十ヵ月を要すというが、詳細不明。各戦隊に対するＢ29の補充は月二機程度。

第四六二戦隊は、シニウラドーバ（？）（Ｂ5と称す、カルカッタ北方約四〇〇キロ）にある。インドのＢ29基地には各三千人内外の地上勤務員がいるが、機体の大修理は不可能という。基地はいずれも「Ｂ」の符号を頭文字につけて呼称し、四ヵ所あって、各戦隊が専用している。日本本土空襲に当たっては、その二、三日前に爆弾等を積載して入支し、空襲後は速やかに（翌朝発）インドに帰る。

成都周辺のＢ29用前進基地は、「Ａ1」「Ａ3」「Ａ5」「Ａ7」の四ヵ所で、各戦隊がそれぞれ専用している。前進飛行場には地上勤務員若干（整備関係五十〜六十人）を配置す。「Ａ5」彭山飛行場の如し（第四六二戦隊用）。また、「Ａ5」の南東五六キロ（？）に「Ａ7」および東方五六キロに一飛行場（広漢飛行場らしい）あり、いずれもＢ29が使用。

八幡製鉄所の破壊により、日本に致命傷を与えうると思い込む。爆撃に当たっては、八幡の最近の垂直写真により、事前教育を実施して、投弾点を熔鉱炉に選定した。

B29戦略爆撃隊に関する捕虜の供述(2)

（昭和十九年八月二十三日、大本営がB29の捕虜について調査したときの記録要旨）

一　米の対日要地空襲最高部隊の構成

米国は、日本の、財・政略要地の大規模な空襲を企図し、統合参謀本部直接統率の下に、第二十航空軍（AIR FORCE）を新設し、司令官は全米陸軍航空部隊総司令官アーノルド大将が兼任した。

二　第二十爆撃集団（BOMBER COMMAND）の編成、任務、担任区域

(イ)　第二十爆撃集団は去る十月（筆者注・昭和十八年）、米本国で編成され、第二十航空軍に隷属した。目下のところB29四個戦隊（第四十、第四四四——または第三四四——および第四六二、第四六八）を有し、第一線機数は百二十機前後。なお、九月末（筆者注・昭和十九年）には、一応定数が完備し、百五十機内外に達するものと判断する（右四個戦隊は、昭和十八年秋末の第一次編成部隊）。

(ロ)　第二十爆撃集団は、インドと支那方面よりする対日要地空襲を主務とする。中部太平洋正面からの空襲は、今後、新たに編成される他の爆撃隊に担任させるようである。在

英本土の米第八航空軍は爆撃隊一個（爆撃三個師団）をもつに過ぎないが、東亜における ものは根拠基地の関係上、二つの爆撃隊を編成するようである。ただし超重爆は、第二十航空軍だけに編入せられるとのことである。

(ハ) 第二十爆撃集団司令官は編成以来ウォルフ准将であったが、七月上、中旬（筆者注・昭和十九年）更迭され、一時、副司令官ラーバン・サンダース准将が司令官代理となった。八月十三日、米側発表によれば、第八航空軍爆撃集団司令官ルメイ少将が、第二十爆撃集団司令官に任命された。

三 B29爆撃集団の編成内容

(イ) 空勤者数はB24と同様、飛行機定数にたいし、だいたい五十パーセント内外の余裕をもつようで、過半数は将校である。

(ロ) 修理中隊は極めて膨大で一個戦隊約二千～三千人（一機当たり五十～六十人）だが、大修理の能力はない。すべて米人で、半数は将校・下士官。

四 B29爆撃集団の訓練編成並びに第一線推進要領

(イ) 第一次編成部隊の訓練概況

昨年（筆者注・昭和十八年）九月～十一月の間、第一次編成要員として四個戦隊分の要員を選定し、三～四ヵ月をもって訓練を終わったようである。

空中勤務者はすべて優秀者をこれに充て、指名または志願者から選抜して任命する。訓練上の欠陥はB29の機数が不足していることで、爆撃手（四十～五十人に対し十五機前後）一人当たり三ヵ月間に十二〜十三回（一回平均四時間）の飛行訓練しか実施できないようである。

(ロ) 第一次戦隊の編成、第一線推進要領
空勤者は本年（筆者注・昭和十九年）三月〜四月ごろ空輸により、地上勤務者はこれより先、主として船舶輸送でインドに前進し、五月ごろ現地に集合、編成された。以後、現地で訓練をした。

(ハ) 第二次編成部隊の訓練開始
米本国において四月ごろから、第二次編成部隊要員として、十二個戦隊の訓練を開始したようである。編成期間は約十ヵ月である。

五　第二十爆撃集団の使用基地

(イ) 根拠基地　すべてインドで、司令部はカラグプールにある。各戦隊は各一飛行場を専用し、「B×号」の秘匿名を使用している。第四六二戦隊（A・P・O六三一部隊と称す）基地は「B6」で、アサンソル（カルカッタ西北一八〇キロ）東南一五キロ付近に、さらにその近傍にB29基地が一つあることは確実であるが、地点は不明である。他の基地も、前進基地にたいする機動距離の関係上、カルカッタ周辺にあるものとみられる。
（B8基地の存在は確実であること、戦隊数および支那基地の符号よりみると、根拠地の符号は偶数であるかもしれない）

(ロ) 前進基地（参謀本部情報に隼部隊の調査を総合したもの）成都付近に四ヵ所あること

は確実で、すべて「A×号」の秘匿名を使用。「A1」「A3」「A5」「A7」の奇数を用い、一個戦隊一ヵ所の割で使用している（AとはADVANCE　前進基地で、すなわち支那基地のことである）。

A1基地　新津と判断される（捕虜の記憶によると、A5に行く途中、A1に不時着したことがある。新津付近あるいは新津ではないかと判断される）。

A3基地　広漢、確度乙（新津の東北東六〇キロと称しているが、重慶空軍将校の陳述その他特情により広漢と判断する）。

A5基地　上安鎮（じょうあんちん）である。A7（彭山）より西北四〇キロ、新津より西南西二〇キロ付近といっているから上安鎮付近と推定される。第四六二戦隊が使用。

A7基地　彭山であることは確実である。飛行場は同地の西南或は西北約五八キロ付近と推定。第四六八戦隊が使用する。

B29戦略爆撃隊に関する捕虜の供述(3)

（昭和十九年八月三十日、大本営がB29の捕虜について調査したときの記録要旨）

一　印、支方面における第二十爆撃集団の編成

(イ)　B29第一次編成部隊である第四十、第四四四、第四六二、第四六八の四個戦隊を有することは確実である。

(ロ)　各戦隊はB29四個中隊より成る。空勤者数は、一個戦隊定員七百八十名以上であるが、

目下、若干欠員がある。

(ハ) 各戦隊に一戦闘写真中隊および四個の修理中隊(一中隊約四百名)並びに若干の補給担任部隊がある。ただし、A基地の地上整備員は一戦隊数十名に過ぎないようである。

(ニ) 爆撃集団司令部直属機関としては、相当膨大な通信、工兵、整備、補給部隊(各数個大隊)および憲兵、映画撮影班をもっている。

(ホ) 爆撃集団司令官は編成当初からウォルフ准将(主として技術家)であったが、七月上旬(筆者注・昭和十九年)、米陸軍航空隊資材局長に転じ、B29の改良と大量生産の任務についた。その後、副司令官サンダース准将(戦術家)が一時、司令官代理となった。八月中旬、ルメイ少将(在英本土、米第八航空軍爆撃集団司令官)が第二十爆撃集団司令官に任命された。したがって、ルメイ少将の任命は、欧州の用兵を東亜に採用するものとして、厳戒を要す。

二 根拠基地

(イ) インド、カルカッタ西北一〇〇~二〇〇キロの地区に根拠基地をもつ。目下のところ四個基地で、各戦隊一基地を専用する。

(ロ) 爆撃集団司令部は、カラグプールで、第四六八戦隊とともにある。

(ハ) B29関係の固定航空廠等は、未だ完備していないようである。

三 B29の第一線補充数と修理能力

(イ) 第四六二戦隊のB29現有数約四十機である。

(ロ)　右戦隊がインドにおいて初めてB29の交付をうけたのは、五月下旬（注・昭和十九年）で、第一回四機、ついで毎週二〜三機ずつ補充された。B29の補充は米本土より直接、爆撃集団を通じ戦隊にたいしておこなわれる。

(ハ)　B29のインドにおける修理は、ほとんど戦隊の修理中隊において実施し、大修理は爆撃隊直属の修理廠でする。修理廠で処理不可能なものは、廃棄するとのこと。

成都での修理は、A基地で発動機交換のような小修理はできるが、インド基地のような高度の修理はできない。

第四章　B29を撃滅せよ

マッターホーン計画

　同じ飛行機乗りでも、日本軍と米軍では、精神状態が全くちがっていた。日本軍の場合は文字どおりの〝決死行〟で、パラシュートも持たず、万一不時着のときにそなえて、拳銃を自殺用に持って乗るのがふつうであった。

　米軍の場合は、パラシュートはおろか、ゴムボートや食糧、医薬品まで用意して、まるでスポーツにでもいくような気分で飛行機に乗る。それだけに捕虜になると、誰でも比較的簡単に何でも白状してしまっている。しかし、彼らもB29部隊のことについては、自分らの所属部隊でありながら、わからない点が多かった。だから、多数の捕虜の口から断片的に聞き出した話を総合して系統的に組み立てたのが、前に述べた捕虜の供述である。

　第二十爆撃集団では、とくに〝防諜〟が厳しかった。このB29部隊の要員は、米本国にいてもインド・支那にいても、外部から完全に遮断されていた。つまりカン詰めだ。基地部隊名は極秘で、すべて略号で呼んだ。郵便の名宛もAPO—631と書けば第二十爆撃集団司令部、APO—493とすると第四六八戦隊へとどいた。

日本軍の盗聴を警戒して通信電波も制限し、戦隊相互間の接触も、他の戦隊基地の使用も、いっさい禁止されていた。だから、捕虜たちも自分の隊以外のことは、まるで知らなかった。

捕虜の話の確度は完全ではない。また、いろんな食違いもあるが、総合判断すると、だいたい内容がつかめた。とくに成都前進基地群については、彼らの申し立てと新司偵の偵察写真をつき合わせて、見取図をつくりあげた。これが後日おこなわれた五航軍の成都夜間爆撃の資料になった。捕虜の話によって、B29戦略爆撃集団の全容が、ようやくはっきりと浮かびあがってきた。重要な点は、つぎのとおりであった。

一、米統合参謀本部の直轄下に、B29による戦略爆撃専門の第二十航空軍（司令官は米陸軍航空軍総司令官・アーノルド大将が兼任）が置かれ、その下に第二十爆撃集団という実戦部隊があること。また、第二十爆撃集団のほかに、もう一つ爆撃集団ができること。

二、対日戦略爆撃の根拠地はインドのカルカッタ付近の基地群で、日本空襲のときには成都基地群に前進して、成都から長距離爆撃をおこない、また成都に帰り、さらにカルカッタに帰還している。

三、成都前進基地は四ヵ所で、「A1」は新津、「A3」は広漢、「A5」は上安鎮、「A

7」は彭山である。

四、カルカッタ根拠地も「B1」「B5」「B6」「B8」の四ヵ所で、第二十爆撃集団司令部所在地の「B1」はカラグプールにある。

このほか捕虜の話によって、B29の性能、基地の内容、日本爆撃のコースなどが、相当詳しくわかったが、それは後で述べることにする。ただ、彼らの話だけでは本筋がわからないので、ここでB29戦略爆撃集団が生まれた歴史的経過をたどってみよう。

ナチ・ドイツのヒトラーがヨーロッパを征服した武器は、強大なドイツ空軍であった。ルーズベルト米大統領はナチ・ドイツをたたきつぶすため、米空軍の強化に全力をあげた。その結果、登場したのが、シアトルのボーイング（BOEING）航空機会社がつくった「ボーイングB29」超重爆撃機だった。B29試作第一号機が飛んだのは、昭和十七年九月上旬だった。B29を対独攻撃につかうことを考えた一時期があったようだが、そのうちに日本軍がパールハーバーを攻撃したので、結局、対日攻撃のきめ手にB29を使うことになった。

日本にたいしてB29の戦略爆撃をおこなう計画が決定されたのは、一九四三（昭和十八）年のケベック会談（八月十一日～二十四日）のときであった。第二次世界大戦史上、重要なヤマ場となるのは、ケベック会談とカイロ会談であった。

ケベック会談というのは、ルーズベルト米大統領と、チャーチル英首相が、カナダのケベックに出向いてひらいた戦略会談だった。このときには太平洋反攻作戦や、ヨーロッパ戦終結後の処理などについて基本方針をきめたが、当時、米国がつくりはじめていたB29を使って、日本を徹底的に爆撃するという米国案が決定された。それが、後日、「マッターホーン計画」という名の対日空襲計画に進展した。

マッターホーン計画がもっと具体的になったのは、その年の十一月二十二日からエジプトのカイロで開かれたカイロ会談（ルーズベルト米大統領、チャーチル英首相、蔣介石中国総統）である。同月二十七日に発表された「カイロ宣言」は、

一、日本が第一次大戦後に奪取した太平洋諸島を奪還する。

二、満州、台湾を中国に返還させる。

三、朝鮮を独立させる。

四、日本の無条件降伏を要求する。

をうたっている。そして、日本を無条件降伏させるきめ手の兵器として、B29を飛ばせる具体的な方法を検討した。

その結果、ルーズベルト米大統領は、チャーチル英首相を通じてインド政府に対し、カルカッタ基地群の建設についての協力を要請した。一方、蔣介石総統にたいしては成都基地群の建設を要請した。

成都基地群の建設工事は、一九四四（昭和十九）年の一月下旬から三月十一日までおこなわれた。この当時、重慶にいた米国のある通信記者は、つぎのようなニュースを打電してい

る。

『四十三万にのぼる中国の農民が成都基地をつくるために、自分の田畑を提供した。そしてそのうえ、建設工事のため労力まで提供した。近くの河から石や砂を手押し車で、昼も夜も運んだ。それは万里の長城以来の歴史的な大事業であった』

ヒマラヤ山脈の向こう側では、きびしい暑さと豪雨と伝染病にさいなまれながら、カルカッタ根拠地群の突貫工事が進められた。この工事には、レド公路の建設に当たった米工兵隊と、おびただしいインド人が参加した。

一方、米本国では、一九四三（昭和十八）年の十一月に、B29による爆撃専門の第二十爆撃コマンド（初代司令官はケネス・B・ウォルフ准将）が編成された。爆撃コマンドというのは爆撃集団のことである。第二十爆撃コマンドの下には、編成当時、第五十八爆撃ウィングと第七十三爆撃ウィングがあったが、第七十三ウィングはサイパンに転用された。一ウィングは四個グループ、一グループは四個スコードロンから成り、一スコードロンはB29七機、一グループは二十八機、一ウィングは百十二機編成であった。これがその後、拡充されていった。旧日本陸軍航空隊の編成に当てはめてみると、コマンドは飛行師団、ウィングは飛行団、グループは戦隊、スコードロンは中隊に相当するかたちだが、日本式に解釈するのは無理であった。

日本の飛行師団や飛行団、戦隊、中隊とは比較にならないくらい、コマンドの各戦闘単位は内容が強力であった。航空軍とか飛行師団などの高級司令部になると、複雑な後方組織や官庁的要素が加わってくる。しかし、コマンドにはそれがない。戦闘本位の身軽な組織で、作戦上の必要に応じて、どこにでも転々と簡単に移動できる。

第二十爆撃集団は、B29をつかって世界中をまたにかける戦略爆撃集団で、独立部隊であったから、どの戦域の最高指揮官でもこれを指揮する権限がなかった。

だがオールマイティーのような強力なB29部隊は、どの戦線でも絶大な威力である。当時、インド、ビルマ、中国戦域の米軍は、東南アジア連合軍総司令官マウントバッテン英海軍大将の指揮下に属し、地上軍はスチルウェル中将（のち大将）が、また空軍はストラトメイヤー少将が司令官として指揮をとっていた。

そして、ストラトメイヤー少将の指揮下にあったのが、在支米空軍――すなわちシエンノート少将の第十四航空軍と、在印第十航空軍（司令官ダビッドソン少将）であった。これらの各級司令官は、なんとかしてB29を自分の指揮下に入れ、自分の戦域で使いたいと、しきりにワシントンへ工作をした。いちばんそれを熱望したのは、シエンノート少将だった。

一方、蔣介石総統も、B29部隊を中国戦域に出動させるため、ルーズベルト米大統領に対して、つぎのような要請電報を打った。

『第二十爆撃集団が第十四航空軍同様に、中国軍の作戦に協力すれば、大陸の制空権は必ずや同隊が握るところとなるであろう。同時に中国陸軍もまた、最大威力を発揮し得るだろう。願わくば閣下より同隊にたいし、大陸作戦に協力するよう命令あらんことを』

いうなれば、奪い合いだ。特に長いあいだ「対日空襲」のアドバルーンを上げてきたシエ

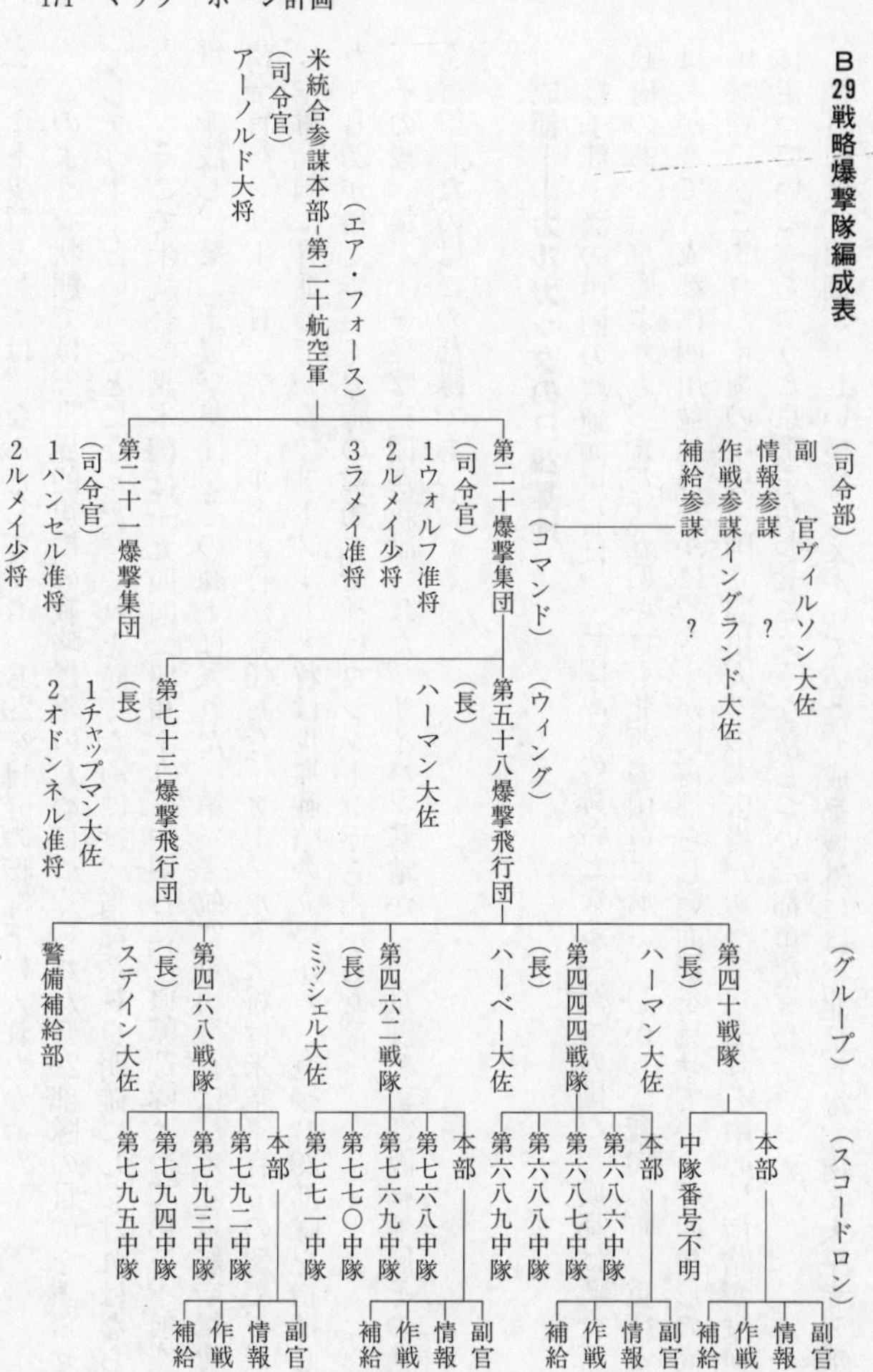
B29戦略爆撃隊編成表
米統合参謀本部-第二十航空軍
(エア・フォース)
(司令官)
アーノルド大将
(司令部)
副　官ヴィルソン大佐
情報参謀　？
作戦参謀イングランド大佐
補給参謀　？
第二十爆撃集団
(コマンド)
(司令官)
1ウォルフ准将
2ルメイ少将
3ラメイ准将
第二十一爆撃集団
(司令官)
1ハンセル准将
2ルメイ少将
第五十八爆撃飛行団
(ウィング)
(長)
ハーマン大佐
第七十三爆撃飛行団
(長)
1チャップマン大佐
2オドンネル准将
(グループ)
第四十戦隊
(長)
ハーマン大佐
第四四四戦隊
(長)
ハーベー大佐
第四六二戦隊
(長)
ミッシェル大佐
第四六八戦隊
(長)
ステイン大佐
警備補給部
(スコードロン)
本部
中隊番号不明
本部
第六八六中隊
第六八七中隊
第六八八中隊
第六八九中隊
本部
第七六八中隊
第七六九中隊
第七七〇中隊
第七七一中隊
本部
第七九二中隊
第七九三中隊
第七九四中隊
第七九五中隊
副官
情報
作戦
補給
副官
情報
作戦
補給
副官
情報
作戦
補給
副官
情報
作戦
補給

ンノート少将としては、なんとしてでも、B29を自分の指揮下に入れたかった。

　このような状態では、世界的規模の戦略爆撃のためにつくられたB29部隊の目的を誤らせてしまう――ということになった。これを防ぐためには、指揮系統を明確にしなければならない。そこで米統合参謀本部は一九四四（昭和十九）年四月に、直轄部隊として第二十航空軍を新設し、第二十爆撃集団をその隷下に入れた。第二十航空軍司令官は、米陸軍航空軍総司令官ヘンリー・H・アーノルド大将が兼任した。アーノルド大将は米空軍育ての親で、後に空軍元帥に昇進している。アーノルド大将は世界戦略の立場から、直接B29部隊を指揮した。B29が積んでいく爆弾の種類まで彼はワシントンから指示した。

　その後、第二十一爆撃集団が新設された。サイパン基地から、京浜および阪神地区その他を爆撃したのはこの部隊であった。

成都――カルカッタのB29基地

　揚子江上流の中国の奥地四川省は、『三国志』の舞台となる「蜀（しょく）」の国だ。成都は蒋介石政府のあった重慶よりも、まだ二五〇キロも北西の山奥にある。しかし、断崖の町、重慶とはちがって、成都は四川盆地のなかに、さすがに古都らしい面影を見せている。四角形の高い城壁にかこまれた市街の中央に国立四川大学の大広場があって、それを中心に街路が縦横に走っている。ちょうど京都を想わせるような落ちついた都市だ。

　城外には、田畑が美しい模様をえがいていた。成都城外には、北飛行場、南（太平寺）飛

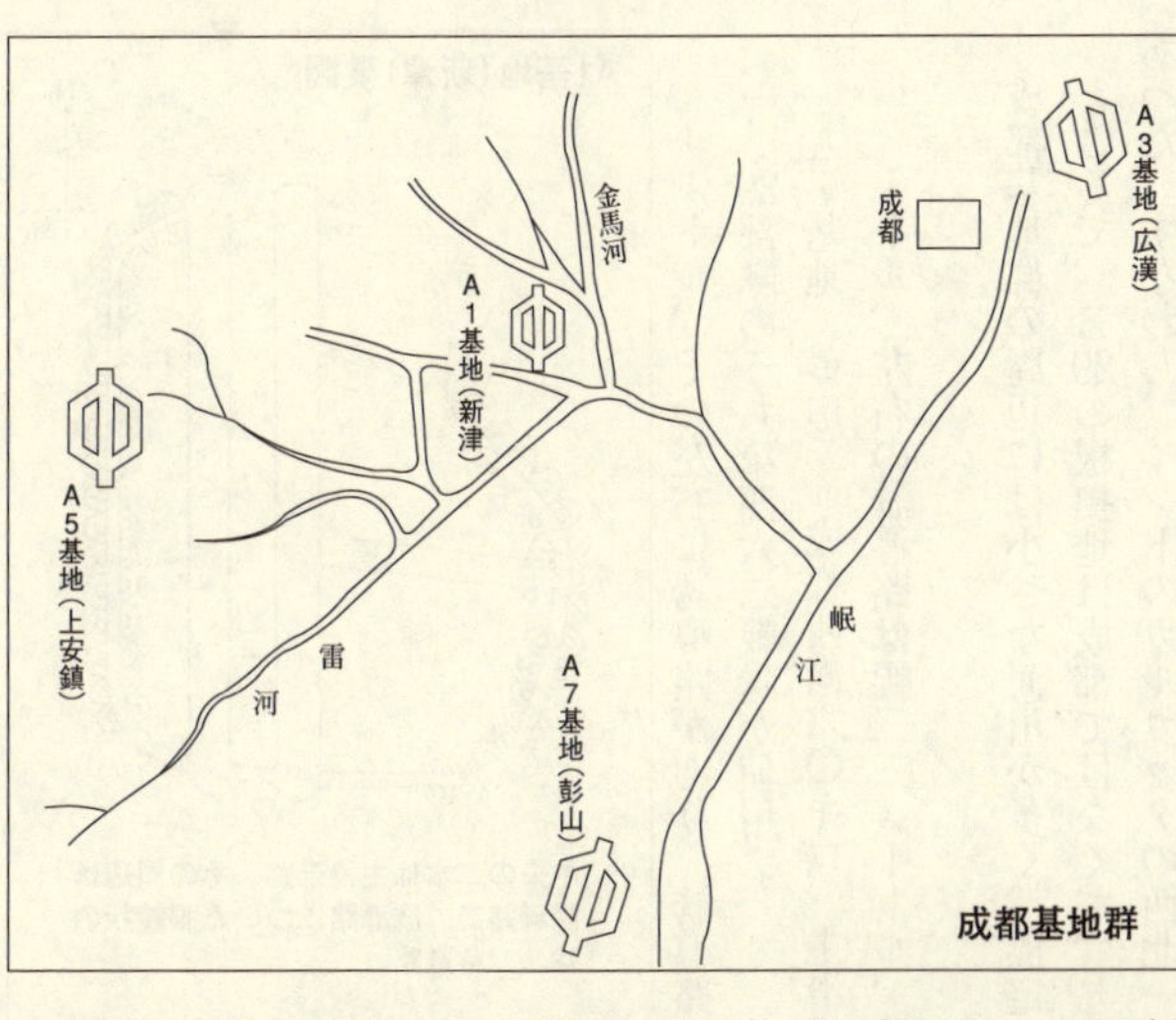

成都基地群

行場そのほか二、三の飛行場があったが、そこは重慶空軍と民間航空に使われていた。

B29の前進基地は、それらの旧飛行場とは全く別に新しくつくられていた。B29の基地は成都周辺に四ヵ所もあった。その基地は、「A1」「A3」「A5」「A7」という奇数の秘匿名で呼ばれた。B29部隊は、中国の基地をすべて「前進基地」としていたのだ。この四ヵ所の基地は、B29一個戦隊が一ヵ所ずつ専用で使っていた。

大本営が多数のB29の捕虜の口を割らせて調べあげたところによると、各基地の状況は、つぎのとおりであった。これがわかったのは、昭和十九年の九月初めのことであった。

A1基地は新津、A3は広漢、A5は上安鎮、A7は彭山にあった。

A1基地（新津）＝成都西南四〇キロ。

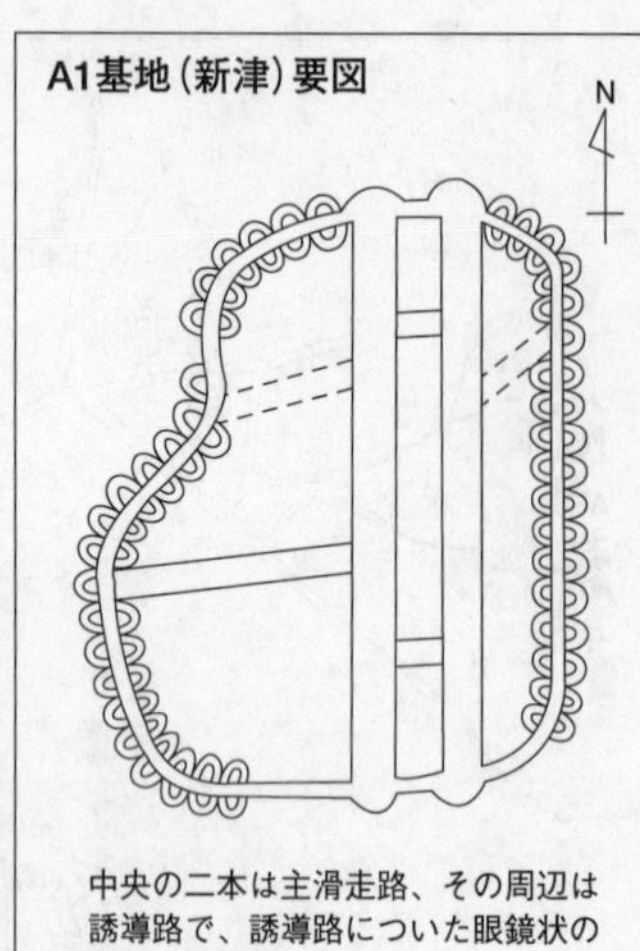

中央の二本は主滑走路、その周辺は誘導路で、誘導路についた眼鏡状の輪は、待避路。

主滑走路は新司偵の偵察によると、長さ三〇〇〇メートル、幅一〇〇メートル近くのものが二本あり、それを中心に眼鏡状の待避路が無数にあった。成都基地群のなかで、新津と彭山の施設がりっぱであった。

Ａ３基地（広漢）＝成都東北六〇キロ、ここはなかなか確認できなかった。

Ａ５基地（上安鎮）＝新津から西南西二〇キロ、主滑走路の長さは二一三五メートル、その左右に誘導路があり、誘導路には眼鏡型の引込線が十数ヵ所あった。Ｂ29部隊のうち第四六二戦隊が使用。

Ａ７基地（彭山）＝成都西南六〇キロ、主滑走路の長さ二一〇〇メートル、幅一〇〇メートル、左右の誘導路は幅三三メートル、第四六八戦隊が使用。

成都基地群の周辺には小さな河川が多く、標定は困難な地形である。

ところで、Ｂ29の根拠地は成都ではなくて、じつに世界の屋根ヒマラヤ山脈の向こう側にあった。すなわち、インドのカルカッタの西北一〇〇キロから二〇〇キロくらいの間にある飛行場群が、B29の根拠地だった。

その根拠地は、成都と同じように四つの基地から成っていて、各戦隊が一つずつ基地を専用していた。秘匿名は成都が「A」であるのに対して、カルカッタ基地群は「B」であった。「B1基地」とか「B6基地」とか呼ばれていた。B29戦略爆撃隊の第二十爆撃集団が、第四十、第四四四、第四六二、第四六八の四個戦隊から編成されていることは、確実だった。だから、基地が四ヵ所にある。

捕虜たちの話を総合すると、カルカッタ付近の「B1基地」は、カラグプールにあった。東北方一〇五キロにカルカッタがある。南はベンガル湾だ。根拠地といっても戦線のことだから、たいした施設はなかったようである。むかし、インドの聖雄ガンジーが投獄されたことがあるという旧監獄を改造した建物に、第二十爆撃集団司令部が入り、第四六八戦隊が三ヵ所の兵舎――といっても土民の家屋や幕舎であったようだが――にもぐりこんでいた。

カルカッタ根拠地要図

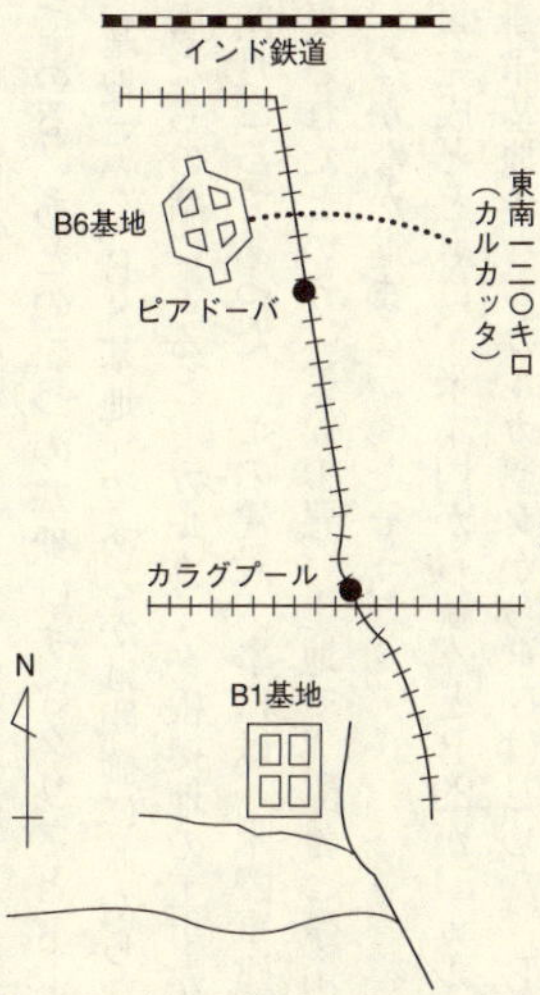

「B6基地」はピアドーバにあり、第四六二戦隊の根拠地だった。カル

カッタは東南方一二〇キロにある。結局、はっきりわかったのは「B1基地」と「B6基地」である。あとの二つの基地はチャクリアとドドクンディにあるが、どちらが「B5(?)基地」か「B8基地」であるかは明確にわからなかった。

捕虜たちの話によると、カルカッタ根拠地の工事が完成したのは、一九四四(昭和十九)年の四月ごろであった。この建設工事には、米陸軍建設部隊や、インド人労働者など数万人が動員されたという。気候の悪い土地で、酷暑と豪雨、そして泥沼のようななかでの突貫工事は、なかなか進まなかったそうだ。

工事完成とともに、米本国から続々とB29が、カルカッタ基地群に飛んできた。そして成都の新津基地へも、カルカッタから飛びはじめた。B29部隊が正式にカルカッタ基地群に進出したのは、その年の五月初めであった。こうした動きは、断片的に日本軍によって探知されていたのである。先に述べたとおり、インパール戦線で、わが飛行第六十四戦隊の〝隼〟が初めてB29と遭遇し、これを撃墜したのも、このころ(四月二十五日)の偶発的事件だった。

B29が米本国から飛んでくるコースは、カイロ経由でカラチに来て、カルカッタ基地に着陸していたという。カラチ近郊に、B29の中継基地があったのはもちろんである。B29の修理なども、全部カルカッタ基地でおこなっていた。だから各基地には、地上勤務員がそれぞれ三千人ほどいた。

B29の性能総まくり

ここで第二次世界大戦中、最強の破壊兵器となったボーイングB29の性能を、あらゆる角度からまとめてみよう。

陸軍航空本部が、つぎのようなB29の推定性能を初めて部内に発表したのは、昭和十九年三月であった。

型式　中翼単葉四発、三車輪式
機体　全幅四三メートル、全長三〇メートル
発動機　ライトサイクロン　R―三三五〇系統、十八気筒、二重星型空冷二千百三十馬力四個
全備重量　四二～四六トン
最大速度　六〇〇キロ
巡航速度　四五〇キロ
実用上昇限度　一二五〇〇メートル
航続距離　（カッコ内は行動半径）
爆弾一トン　約七〇〇〇キロ（三〇〇〇）
二トン　約六五〇〇キロ（二七〇〇）
三トン　約六〇〇〇キロ（二五〇〇）

武装　　四トン　約五五〇〇キロ（三二〇〇）
　　　　二〇ミリ機関砲　六門
　　　　一三ミリ同　　十六門

武装と航続距離は過大評価で、その他は、実際に近い数値であった。陸軍航空本部はそれから数回、B29の推定性能を発表したが、つぎに掲げるのは、陸軍航空本部調査資料および日本陸海軍の総合判定と米陸軍省発表の資料、それに北九州を爆撃にきて撃墜され、パラシュートで降下して日本軍に捕えられた米人のB29乗員の自供などによる資料である。

いずれも多少の食い違いを生じているのは、やむを得ない。成都から北九州までは約二六〇〇キロ、大阪までは約三〇〇〇キロ、東京までは約三四〇〇キロあるから、結局、成都を発進基地とする場合には、北九州の爆撃しかできないことがわかった。

B29に関する第四次推定性能表
（昭和十九年五月、陸軍航空本部調査）

名称　　B29（スーパーフォートレス）
製作会社　ボーイング航空機会社
用途　　亜成層圏用遠距離爆撃機
型式　　低翼単葉四発

乗員　十二人〜十五人

材料　全金属製

機体

全幅　四三メートル

全長　三〇メートル

翼面積　一六一・六平方メートル

縦横比　一一・五

プロペラ　四翅定速式、外径三・九メートル

降着装置　三車輪（複輪）式引込脚

発動機

名称　ライトサイクロン18R—3350—17

型式　十八気筒二列星型空冷式

$\frac{\text{公称馬力}}{\text{高度}}\times\text{基数}$　$\frac{2130}{0\sim7625}\times4$

重量

自重　二三トン

搭載量　一九トン

全備重量　四二トン

翼面荷重　二・六〇 kg／m^2
馬力荷重　四・九二 kg／m^2
燃料
最大　一五〇〇〇キログラム
速度
最大速度　六〇〇キロ／時（高度七六二五メートル）
巡航速度　四五〇キロ／時（高度七六二五メートル）
七六二五メートルまでの上昇時間約二十分（単機）
離陸滑走距離　一五〇〇メートル
実用上昇限度　一二五〇〇メートル（重量三〇トン）
航続距離（カッコ内は行動半径）
最大無爆弾時　八六〇〇キロ
爆弾一トン時　七二〇〇（三〇〇〇）
同　二トン時　六六五〇（二七〇〇）
同　三トン時　六一〇〇（二五〇〇）
同　四トン時　五五〇〇（二二〇〇）
同　六トン時　四四〇〇（一六五〇）
同　八トン時　三三五〇（一一五〇）

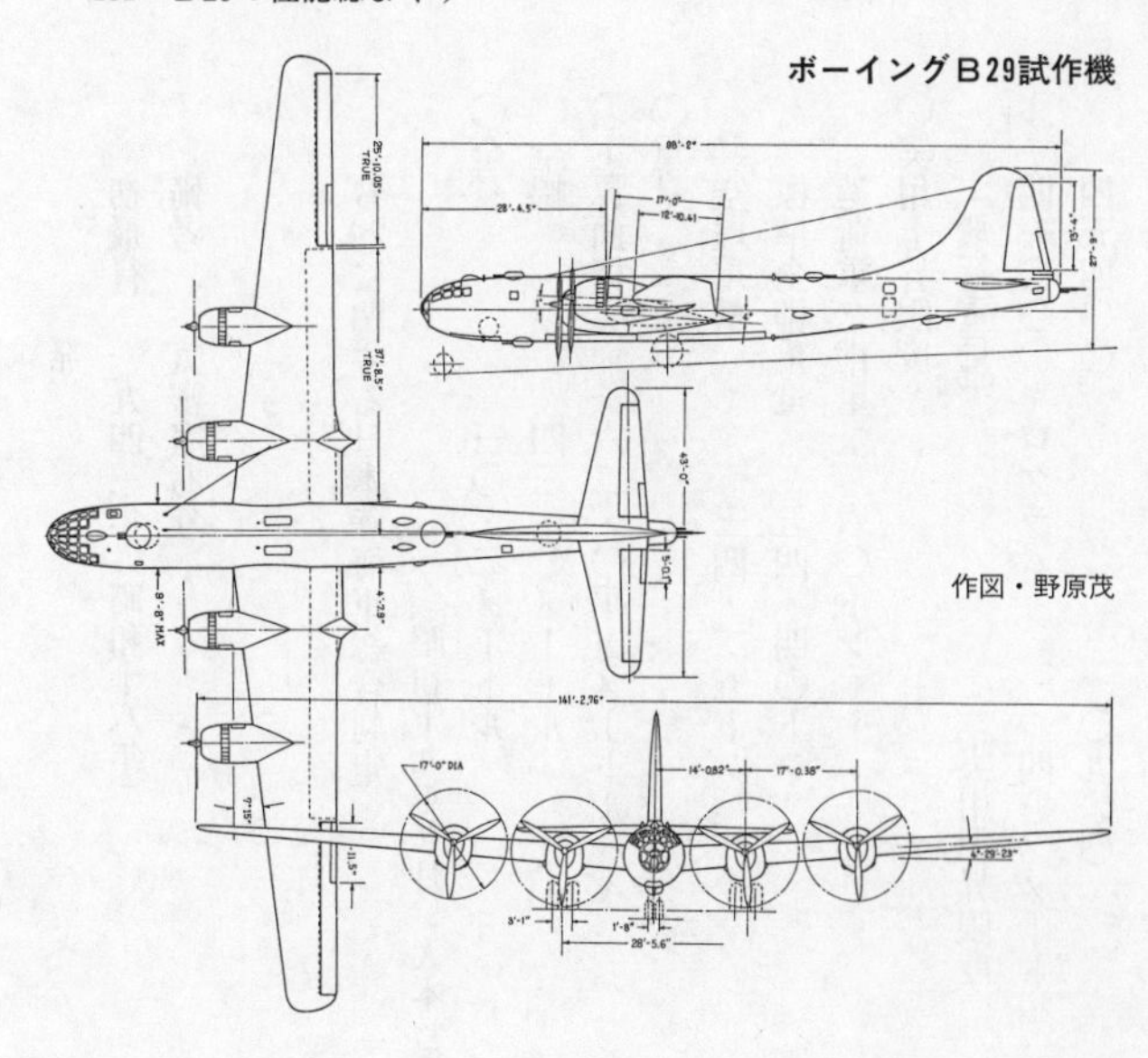
ボーイングB29試作機

作図・野原茂

武装

爆弾　最大八トン、正規五トン

爆撃機として使用する場合　二〇ミリ機関砲六門（弾数各三百発）、一二・七ミリ機関砲十六門（弾数各五百発）

援護機（無爆弾）として使用する場合　五五ミリまたは七五ミリ機関砲二門（弾数各三十発）二〇ミリ機関砲八門（弾数各三百発）、一二・七ミリ機関砲二十四門（弾数各五百

発）

初飛行　一九四三年（昭和十八年）

備考　気密室あり

B29に関する日本陸海軍総合判定（昭和十九年九月、大本営情報）

○全長　三〇・二メートル

○全幅　四三・〇メートル

○主翼面積　一六二・〇平方メートル

○重量

空虚重量　三四・二五トン

標準全備重量　五四・四〇トン

過荷重全備重量　六〇トン

○実用上昇限度

〔飛行重量〕　〔実用上昇限度〕

四一〇〇〇キログラム　一一四〇〇メートル

四五四〇〇　一〇九〇〇

五〇〇〇〇キログラム　一〇三〇〇メートル
五四五〇〇　九五〇〇

○爆撃可能高度上限

（行動半径二〇〇〇キロ）

（携行爆弾量）	（爆撃直前飛行重量）	（高度上限）
二二七〇キログラム	四二六〇〇キログラム	一一二〇〇メートル
四五四〇	四五〇〇〇	一〇九〇〇
六八〇〇	四七六〇〇	一〇六〇〇
九〇八〇	四九五〇〇	一〇三〇〇

（行動半径三〇〇〇キロ）

二二七〇キログラム	四五〇〇〇キログラム	一〇九〇〇メートル
四五四〇	四七二五〇	一〇六〇〇
六八〇〇	五一七〇〇	一〇〇〇〇

○最大速度（高度九五〇〇メートル）

（行動半径二〇〇〇キロ、爆撃直前）

（飛行重量）	（最大速度）
四二六〇〇キログラム	五八八キロメートル
四五〇〇〇	五八二

四七六〇〇キログラム　　　　五六七
四九五〇〇　　　　　　　　　五七〇
（行動半径三〇〇〇キロ、爆撃直前）
四五〇〇キログラム　　　　　五八二キロメートル
四七二五〇　　　　　　　　　五七七
五一七〇〇　　　　　　　　　五六六
（備考）実用上昇限度において、いずれの場合においても、最大速度五五〇キロメートル
○爆弾携行量と行動半径
▽爆弾二二七〇キログラム、燃料二二〇〇〇キログラムの場合
（離陸時全備重量六〇〇〇〇キログラム）
〔巡航高度〕　　　　　〔行動半径〕
一五二五メートル　　　三五四〇メートル
四五八〇　　　　　　　三三九〇
七六三〇　　　　　　　二九〇〇
▽爆弾四五四〇キログラム、燃料一八〇〇〇キログラムの場合
〔巡航高度〕　　　　　〔行動半径〕
一五二五メートル　　　三一七〇キロメートル

四五八〇　　二九六〇
七六三〇　　三六四〇

▽爆弾九〇八〇キログラム、燃料一三六〇〇キログラムの場合

〔巡航高度〕　〔行動半径〕
一五二五メートル　二三〇〇キロメートル
四五八〇　二三一〇
七六三〇　二一六〇

○武装

（前上方）一二・七ミリ機関砲二門、携行弾数各砲五百発
（前下方）同
（後上方）同
（後下方）同
（尾部）一二・七ミリ機関砲二門、携行弾数各砲千発、二〇ミリ機関砲一門、携行弾数百発
（備考）一二・七ミリはブローニング式、二〇ミリはエリコン式

B29に関する米陸軍省の発表

最大速度　時速五〇〇キロメートル（高度一〇〇〇〇メートル）（昭和十九年八月）
発動機　ライトサイクロン二千二百馬力四基（B17の約二倍）
全幅　四三メートル
全長　三〇メートル
降着装置　三車輪（複輪）式引込脚（B17は尾輪式で三車輪〈単輪〉）
プロペラ　直径五メートル・四翅
武装　二〇ミリ機関砲のほかに一二・七ミリ機関砲十二門以上
乗員　普通十一人
（筆者注――このときの発表は航続距離、爆弾搭載量その他にはふれず、〝他のいかなる重爆よりも多量の爆弾を抱いて、さらに遠距離を飛行できる〟と強調しているに過ぎない。また、従来の四発機の操縦室には、発着操縦以外の装置まで取り付けられていたが、B29はこの部分が分離されて、別の機関室となり、専属航空技師がそこを担当して、必要な調節をおこなうと説明されている）

B29についての捕虜の説明(1)
（昭和十九年八月二十日、北九州爆撃のさい捕らえた米飛行士の供述）

実用上昇限度　一二〇〇〇メートルと称するが、一〇〇〇〇メートル以上の飛行はまれで、右高度では爆弾倉扉を開き、機の安定をはかる。

三発飛行　重量五二トンの場合可能。双発飛行は軽装備（爆弾倉内増槽以外の搭載物全部投下時）なら可能という。

武装　前上方に一二・七ミリ機関砲四門のものあり。各砲座の射撃開始距離約五〇〇メートル、携行弾数一二・七ミリ機関砲一門千発、二〇ミリ機関砲一門百二十五〜百五十発、弾薬比率徹甲弾二、炸裂弾二、曳光弾一

気密室　左右内側発動機より動力をとり、撃ち抜かれた場合は、ボロ切れでとりあえず処置し、酸素マスクを使用す。酸素罐は十〜十二個携行

B29についての捕虜の説明(2)（昭和十九年八月二十三日、大本営調査）

乗員数　通常十一人

武装　一二・七ミリ機関砲六連装十二門（弾数一門千発）、尾部二〇ミリ機関砲一門（弾数二百六十発）、各火砲は全周旋回可能で、尾部火砲（直接照準）以外の火砲は離隔照準による。ただし乗員一人減の場合は、前上方の一連装を欠数とする。

乗員の位置と任務

機首中央に爆撃手、その左に正操縦士、右に副操縦士、正操縦士の後方に航空士、そのつぎに射手二人、レーダー手、副操縦士の後方に機関士、通信士、射手、尾部に射手。

気密室および室区画

前三室は気密装置があるようである。気密室への空気圧縮注入は、各高度に応じ、自動的に発動機の回転により注入する。高度が大になれば、尾部射手室との交通を制限または禁止する。

爆弾量

北九州空襲時の携行弾量は、一機当たり五〇〇ポンド（二四〇キロ）爆弾六～八発で、総量一・五～二トン。

照準器およびレーダー

照準器としては、バンプサイと称する眼鏡を使用するほか、レーダーにより照準並びに航法を実施する。レーダーは主翼と尾翼中間の機体内にあり、一種の暗視装置である。反射鏡には、五個の環状の目盛りを付し、照準に当たっては一環間隔を一マイルに拡大し、航法に当たっては五マイルに縮小する。陸と海面との判別は容易で、平地と山地との判別も可能。しかし、市街の区別は相当不正確で、森林の判別が最も困難である。

ガソリンの搭載

B29胴体内部配置図

❶操縦士席、❷副操縦士席、❸前方上部12.7mm連装銃塔、❹航法士席、❺機関士席、❻前方下部12.7mm連装銃塔、❼前部爆弾倉、❽後部爆弾倉、❾後部右側射撃照準器、❿後部左側射撃照準器⓫後方上部射撃照準器、⓬後部銃手席、⓭後方上部12.7mm連装銃塔、⓮カメラ装備部、⓯弾倉、⓰後方下部12.7mm連装銃塔、⓱弾倉、⓲尾部銃手席、⓳尾部射撃照準器、⓴尾部銃／砲(12.7mm×2、20mm×1)

作図・野原茂

両翼に各三個、計六個の油槽を有し、五四〇〇ガロン（定量五六〇〇ガロン）を収容するほか、弾倉に増加タンクをつけ、一八〇〇ガロンを収容し、約十五時間の飛行可能（巡航は約十七時間）。

B29についての捕虜の説明（3）
（昭和十九年八月二十日、西部軍調査）

乗員　通常十一人、正、副操縦士、航空士、機関士、爆撃兼射手、無線通信士、レーダー手各一、射手四。

武装　二〇ミリ機関砲一、一二・七ミリ機関砲十二（十のものあり）、一二・七ミリ機首上下各三、尾翼やや前方上下各二、いずれも三六〇度回転可能、射手は離隔照準をする。尾部砲座は二〇ミリ砲と一二・七ミリ砲二で、射手が直接照準をする。二〇ミリ砲弾は六十七発、一二・七ミリ砲弾は千発装備。

気密室　機首およびレーダー室、射手室とその通路ならびに尾部砲座付近の二室で、気密室への空気圧縮注入は、各高度に応じ自動的に発動機の回転により注入するもののようである。

消火装置　圧縮した炭酸ガス管が五個、機関士席の後方にあって、パイプで発動機後半部に通じ、敵弾を受けて発動機が発火したとき、炭酸ガスで消火する。これとは別に携帯用の炭酸ガス管が五個あり、機体内の消火に使う。

燃料槽　発動機の両側および中央に合計六個あり、五四〇〇ガロンを入れる。長距離飛行のときは、爆弾倉に増加タンクをつけて一八〇〇ガロンを入れる。これで十五時間ぐらい飛べる。

レーダー　超短波地形判別機は各機に装備し、航行および爆撃に使用する。空中線は一八〜二〇センチで、約三〇センチの椀状反射機を有し、胴体下面中央にある。水陸平地、山地、市街、また状況により森林も判別できるが、写真地図を併用する必要がある。監視の際には、爆弾扉の後方にある円錐形の砲座のようなドームに出入して実施する。

弾薬　機関砲弾の弾種の比率は、徹甲弾（弾頭標識、黒）一、焼夷弾（赤）一、曳光弾（青）一。

B29についての捕虜の説明（4）
（昭和十九年九月、大本営調査）

武装　一二・七ミリ機関砲十〜十二門（各砲千発）、二〇ミリ一門（百五十発）

重量　空虚重量——少なくとも二九・五トン

全備重量——五四・五～五九トン（今次北九州空襲は、五九・一三トンで離陸）

気密室　位置——前、中、後部
　高度——約三〇〇〇メートルより自動的に作動開始
　内部圧力高度——高度約七〇〇〇メートルで六〇八～五八〇ミリ、約一二〇〇〇メートルで四三〇ミリ
　気密室には装甲がなく、弾丸で破壊されたときは、酸素を吸入する。

最大速度　一五〇〇メートルの高度で計器速度四二〇キロないし四四〇キロ時、日本本土上空の出力は六〇パーセントで、一〇〇パーセント出せないのは、燃料節約と、編隊飛行、それに敵戦闘機より離脱できず、応戦しなければならないため。

巡航速度　三〇〇～三二〇キロ
上昇限度　経験一〇七〇〇メートル、理論上一二三〇〇～一四〇〇〇メートル
離陸性能　重量五九トンのとき一八〇〇メートル、故に二三〇〇メートル程度の滑走路があれば離陸可能
発動機　ライトサイクロン18　R—3350—23
　離昇出力　二千二百馬力、二千六百回転
　最大出力　二千馬力、二千四百回転

公称馬力　千八百馬力、二千三百回転

機上無線機および電波兵器

(イ)連絡用無線機　　三〇〇〜一五〇〇キロサイクル

指揮用同　　　　　二〇〇〇〜七〇〇〇

ラジオコンパス　　三〇〇〜一五〇〇

(ロ)電波兵器　電波暗視器一、ＡＰＱ―一三　一六キロ、四〇キロ、八〇キロ、一六〇キロの四段あり

北九州爆撃の定期コース

ところで、米統合参謀本部は、なぜＢ29戦略爆撃集団の根拠地をカルカッタに置き、成都を前進基地として、北九州を爆撃したのだろうか。その理由は比較的簡単である。

まず第一に、地理的、距離的にみて、日本全土を爆撃するには、やはり太平洋上の基地からでなければならないが、マリアナ諸島はまだ占領するに至っていなかった。

そこで戦略爆撃の目標を、日本の戦力の根源となっている八幡製鉄所と、満州の鞍山製鉄所を壊滅させることに絞った。そのため、中国大陸から発進することになった。しかし、中国に根拠地を置くと、日本軍にたたかれる恐れがあるので、カルカッタに持っていった。カルカッタだと日本軍にやられる心配はないし、第一、米本国から補給を受けるうえにも、そして、パレンバンその他太平洋戦線の戦略爆撃をおこなうためにも便利である――というこ

とになった。

では、どうして、成都を前進基地にしたのだろうか。在支米空軍――すなわち第十四航空軍司令官のシエンノート少将は、雲南省の昆明に司令部を置き、広西省の桂林を前進根拠地とした。そして桂林を起点にして、江西省遂川その他中国東南海岸部の各前進基地を足場としながら、〝日本空襲〟を呼号していた。

彼がこうした布陣をしたのは、インド経由で米本国から補給をうける関係と、インド、ビルマ戦線の連合軍と協同作戦をするためと、台湾爆撃および東シナ海の日本船舶を攻撃する必要上からであった。B29の対日戦略の場合でも、シエンノート少将は、やはり桂林を発進基地とする作戦を主張したと、当時、伝えられた。

その利点としては、桂林～東京間は三〇四〇キロ、大阪までは二六四〇キロ、八幡までは二二〇八キロで、成都を基点とするよりいずれも三四〇～五〇キロ近い。だから東京、大阪まで爆撃できる可能性がある。そのうえ、大陸の日本軍の占領地区上空を飛ばなくてもよいから安全だし、予知されないから抜き打ち空襲を食わせることができるなどであった。

米統合参謀本部も最初、この意見をとりあげたようである。その証拠に三ヵ所の桂林基地は、単なる飛行場でなく、「航空要塞」というべき驚くべきスケールをもって拡充されていたからだ（これについては、あとで述べることにする）。

しかし、シエンノート方式には、幾多の危険が感じられた。第一に昆明でさえ、ハノイとビルマから発進する日本陸軍機の攻撃を受けているではないか。桂林や柳州その他の基地に

中国の前進基地に翼を休めるＢ29爆撃機

至っては、漢口と広東からの五航軍の「定期便」で、いやというほど殴りこみをかけられている。そのうえ中国大陸には、まだ〝百万〟の日本軍が無傷でにらみをきかしている。いつ重慶軍を蹴散らして、桂林、柳州地区を占領するかもしれない——という恐れがあった（この判断は後日的中した）。

そこで結局、桂林よりも安全な成都に落ちついたものであった。成都からでは爆撃目標が九州に限定されるが、そのうちにマリアナ基地を占領すれば、東京、大阪地区の爆撃はできるという二段構えであった。

日本の大本営が、一号作戦を開始するにあたって、Ｂ29の空襲基地を「桂林、柳州地区」と判断したのも、あながち判断を誤っていたわけではない。

こうしてＢ29の第二十爆撃集団は、カルカッタ基地群を根核地として展開した。日本爆撃にあたっては、ワシントンの第二十航空軍司令官アーノルド大将が、自分で爆撃目標を選定して、カルカッタのルメイ第二十爆撃集団司令官に攻撃命令を下す。ルメイ司令官が気象条件等をにらみ合わせて、攻撃日をきめる。そして、攻撃の数日前に成都基地に前進した。カルカッタ基地出発のときには燃料を満載し、爆弾も積んだ。そして爆撃手は、金庫から爆撃照準器をとり出して装着した。これは秘密兵器で誰にも見せなかった。

捕虜の話を総合してみよう。インドから中国に入るコースは、カルカッタのB6基地（ピアドーバ）からだと六十度の方向に航進し、約八五〇キロ先のチンスキヤ（インド、アッサム地方）上空を通過する。高度は四〇〇〇〜五〇〇〇メートルだが、ヒマラヤ山系を越えるときには高高度をとる。そして一気に四川省宜賓上空に出て、成都を目指していく。成都南南西の峨眉山（三〇三五メートル）あたりから河伝いにA5基地（上安鎮）に着くが、成都の手前約二〇〇キロ付近から、機上電波を発射しながら基地を標定する。とにかくカルカッタ〜成都間二〇〇〇キロを、五時間三十分の無着陸飛行で飛び切ってしまうのだ。

成都基地群へ前進したB29部隊は、ここで燃料を補給して、気象観測隊から気象報告をうけ、北九州攻撃のチャンスをねらったが、たいていの場合、成都へ前進後、二、三日以内に出撃していた。出撃前には攻撃隊員にたいして、爆撃要領の教育をするが、その際、〝八幡製鉄所をつぶせば、日本は直ちに降伏する〟と八幡製鉄所の重要性を強調した。八幡製鉄所の爆撃目標は、あらかじめB29の偵察機が撮影してきた垂直写真（十二インチ平方）によって、詳しく指示した。

爆弾の種類はつぎのとおりで、どれを使用するかは、爆撃目標によってちがってくる。どの爆弾を、どのくらい積むかまで、アーノルド大将が指令したとのことだ。

〔炸裂弾および地雷弾〕
一〇〇ポンド（五〇キロ）弾　飛行場および建物爆撃用、三十～五十携行
二五〇ポンド弾　右に準ず
三〇〇ポンド弾　中程度の建物爆撃用
五〇〇ポンド弾　製鉄所、工場爆撃用、六～八携行
一〇〇〇ポンド弾　右に準ず
一六〇〇ポンド弾　〃
二〇〇〇ポンド弾　〃
三〇〇〇ポンド弾　〃
四〇〇〇ポンド弾　戦艦攻撃用、信管は瞬発、短延期、時限など各種
〔燃夷弾〕
五〇〇ポンド弾　六ポンドから一〇ポンドの小型燐性弾を数十個収容してある
〔照明弾〕　持続時間、約二分間
〔機雷〕　海上、河川に投下

成都から北九州へ向かうコースは、たいていの場合、揚子江沿いにその北岸を東に向かって、湖北省老河口（漢口西北約三二〇キロ）の上空にいたり、それから飛行方向を八十九度にとり、一路東に飛ぶ。高郵湖の南端で偏差を修正し、南京、蘇州、上海の北方を通過して、

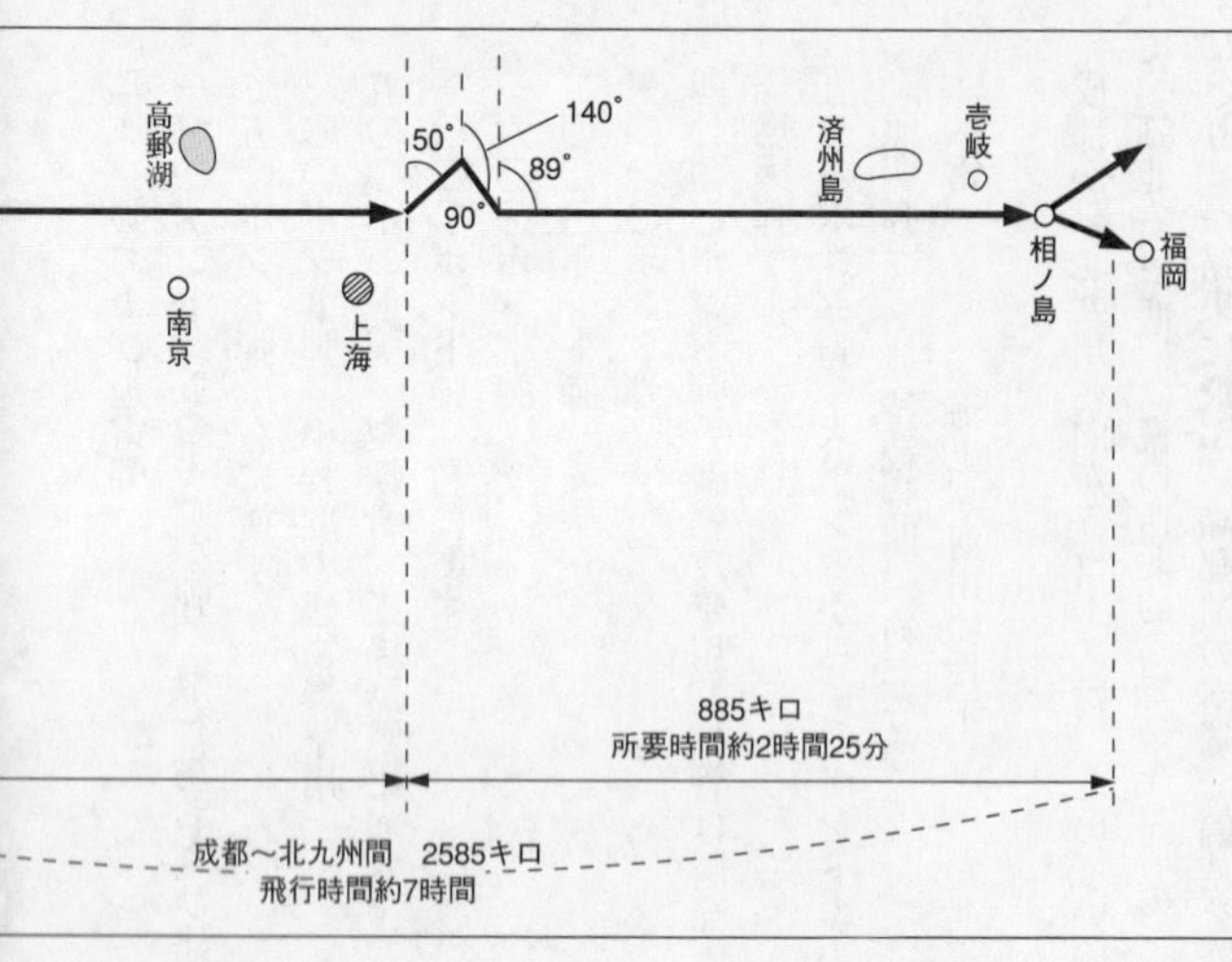

江蘇省北部の海岸線に出る（成都～上海間一七〇〇キロ、飛行時間四時間四十分）。

それから五十度の方向をとり、黄海に出て三十分飛行し、さらに七十度に変針して、済州島の南側に現われる。コースの気象はB29部隊直轄の気象観測隊が観測するが、攻撃機の航空士に示される気象図は、案外粗雑なものであったという。

裏返していえば、どんな気象条件下であっても、突破できる確信があったのだろう、事実、B29は月明の夜であろうと、暗闇の夜であろうと、また雨雲がなまりのように張りつめた夜であろうと、ゆうゆうと飛行をつづけながら、〝北九州定期〟についていた。

成都発進後、約四〇〇キロの間は、基地のラジオ・ロケーションにより、機上受信機をもって自機の位置を標定するが、その

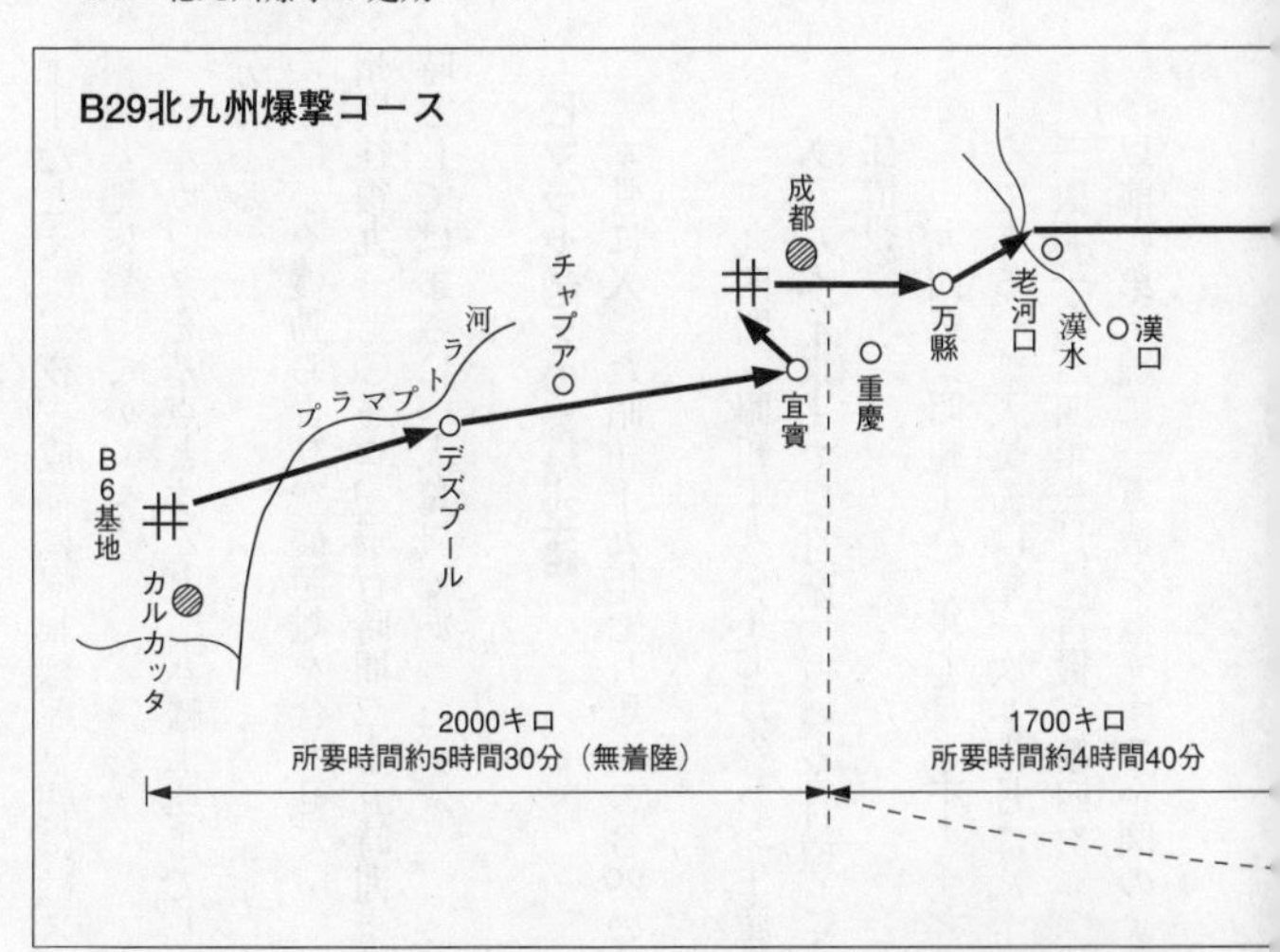

後の航法は、B29自体の計器によった。胴体下面の中央に装置されたレーダー（超短波地形判別機）が、闇夜であっても水陸の地形を映し出した。これに写真地図を併用した。

もちろん、自動操縦装置があった。絶えず操縦桿をにぎっている必要はなかった。

済州島の南側から壱岐南方をへて、博多沖の相ノ島（福岡東北方二〇キロ）上空に出現して、八幡上空に進入した（上海〜八幡間八八五キロ、飛行時間二時間二十五分）。

八幡製鉄所を爆撃してから、二百六十五度の方向に直進して、一路、成都を目指していく。成都基地から発射される誘導電波の圏内に入って、成都に帰還する。途中脱落して、どこかへ不時着するのもある。

成都基地に長居しては、日本機に攻撃される危険があるので、できるだけ速やかに

――たとえば、夜、成都に帰れば翌早朝にはスタートして、ヒマラヤを越えてカルカッタの根拠基地に帰っていく。

カルカッタを基点とすると、八幡上空までじつに四五八五キロ、飛行時間十二時間三十五分である。

とにかく機動および空襲距離を合わせて、一回の北九州空襲に、カルカッタ〜成都〜北九州間往復九一七〇キロ、飛行時間二十五時間十分に達する長距離爆撃を行なったことは、当時としてはまさに一大驚異であった。

ヒマラヤ越えの補給空路

大本営に入った昭和十九年七月現在のB29の情報のうち、おもなものは次のとおりであった。

㈠　一九四四（昭和十九）年七月のB29生産数は、百十七機。急速な増加は困難な事情にあり、本年末までに月産二百機を目標とするが、最大百九十機程度であろう。（参謀本部情報）

㈡　一九四三（昭和十八）年七月、ボーイング社はB29二千機の生産を正式に契約したようである。納入契約は第一次＝十月に八十機、第二次＝十一月〜十二月に百八十機、第三次＝一九四四年一月に百機、第四次＝二月〜三月に二百二十五機で、一九四四年十月以前に第一線に一万機を補充する企図のようである。

㈢　最近のソ連紙によると、Ｂ29の生産は月産七十～八十機である。
㈣　七月十九日、テキサス発の外電によると、米民主党議員、アルバート・トーマスは、「米国は七月中にＢ29百十機を生産するであろう」と演説した。
㈤　目下、中国に入ったＢ29は、昨年（昭和十八年）十一月編成した最初の一～二個戦隊と判断される。将来、東亜に指向せられる兵力は、つぎのとおりと推定。

昭和十九年六月	一個戦隊	三十機
七月	二個戦隊	六十機
八月	三個戦隊	九十機
九月	四個戦隊	百二十機
十月	五個戦隊	百五十機
十一月	六個戦隊	百八十機
十二月	七個戦隊	二百十機

また、昭和十八年十月十三日のサンフランシスコ放送によると、第二十航空軍司令官アーノルド大将は、

「Ｂ29は近く大量に生産できる見込みである。過去においてＢ17が対独戦で果たした役割を、対日戦でＢ29が果たすであろう」

と演説した。

大本営情報によると、同年十月十日現在の中国にあるB29は、百八十機に達した。

こうして、カルカッタ基地群と成都基地群を往復するB29の機数は、日増しにふえていった。問題は補給であった。

世界の屋根ヒマラヤ山脈を越えて、インドから雲南省昆明へ、そして成都、重慶へ、夜に日をついで米国が流しこむのは、単にB29だけではなかった。燃料、弾薬、食糧、医薬品、貨車、自動車……あらゆる戦争物資が、中国の奥地に空と陸のルートから流れこんだ。

米統合参謀本部に直属して、どの戦域の司令官からも指揮をうけず、独自の機動性をもって対日戦略爆撃一本に全戦力を傾ける第二十爆撃集団は、補給面も全部自力でやり、他の米軍補給部隊の世話は、いっさいうけない建て前だった。

ところが、インドや中国の奥地に乗りこんでみると、米本国から補給をうけることが、どれだけ困難な大事業であるかが、はじめてわかった。結局は、現在の補給部隊に協力を求めるよりほか手はなかった。

第一回の北九州空襲は、日本大本営の予想どおり、昭和十九年の五月に決行する予定だったが、それが六月にのびた理由は、燃料不足であった。何しろB29一機のガソリン消費量は、毎時三〇〇ガロンから一二〇〇ガロンである。よほどの燃料蓄積がないかぎり、対日空襲はできないのである。

第二次世界大戦中、米国は重慶の蔣介石政府を援助するため、ビルマやインドをへて、抗日戦に必要な物資を大量に送っていた。この輸送路が、「援蔣ルート」である。

援蔣ルートは、陸と空にあった。地上ルートとしては、ビルマ・ルート（マンダレー北部～雲南省保山～昆明間）、インド・西康ルート、チベット・ルート（いずれも成都まで）などがあった。

このうちインドのアッサム・ベンガル鉄道の支線、レド（チンスキヤ東南）から北ビルマのフーコン、ミートキーナを経て雲南省に入り、怒江を渡り、保山でビルマ・ルートに結びつく七〇〇キロの「レド公路」（幅員一五メートル）は、米陸軍が戦闘工兵大隊、七個師団九千人と、重慶軍三個師団、土民十数万人を動員して突貫工事をした（舗装完成は一九四五年一月）。そして米国はレド公路に並行して、カルカッタ～昆明間に、延長二八九八キロの世界最長の送油管まで敷設した。

支那派遣軍の一号作戦発動にあたって、南方軍がこれに協力して、第五十六師団を出して怒江戦線で敵を牽制したのも、保山を攻略し、レド公路を遮断するためであった。

地上ルートよりももっと活発に、そしてスピーディにおこなわれたのは空輸だった。このため米統合参謀本部は、空輸専門の航空輸送団をインドと中国に展開させていた。空輸ルートは、レドの付近のチンスキヤから昆明（七七〇キロ）と成都基地群の一つ、新津と宜賓（いずれも九五〇キロ）に向かうものだ。これはヒマラヤ越えの難コースなので、昭和十九年六月、北部ビルマの制空権をにぎった米空軍は、チンスキヤ～昆明空路に主力を置いて、一日平均百二、三十機の輸送機を往復させ、月額推定一万五〇〇〇トンの物資を中国に入れていた。

米航空輸送団の司令部は、インドのチャブアに置かれた。司令官アレキサンダー少将のもとに、第一、第九、第二十二、第二十八、第二十九、第三十の各輸送隊があり、一輸送隊は二個中隊から編成されていた。使用機はC46百二十機、C47三十機、C87三十機。合計百八十機（一九四四年三月一日現在）だった。

C46は最大積載量四トン強、燃料積載量一四〇〇ガロン、乗員四人、双発の新鋭カーチス輸送機で、自動車をそのまま積み、ガソリンであれば五〇ガロンのドラム缶を二百十二本載せることができた。

C47は三トン積み、燃料積載量九〇〇ガロン、乗員四人、双発。またC87はB24の改装で、六トン積み、燃料は一六〇〇ガロン、乗員五人、四発であった。

米国〜インド間には、毎日約三十機の輸送機が往復して、乗員や燃料、兵器、弾薬、食糧を運んだ。コースはフロリダ州マイアミから、ポートリコ島、ゴールドコスト島、アフリカのエンション島、そしてカラチに着いた。

輸送量は一九四四年の十月は約六〇〇〇トン、十一月は九〇〇〇〜一万トン、十二月には一万トンと伝えられた。

この物資をインドと中国の戦線に運ぶために、インドではモハンベリー、スカーティン、チャブア、ジョハート、テズプトル、アスマラ、カラチ、ニューデリー、アグラ、カルカッタ、ボンベイの各基地を、米航空輸送団が中継地として使用した。中国向けの物資はシエンノート航空隊用、米地上軍用、B29の成都基地用、それに重慶軍用に分けて送られた。しかし、一号作戦が開始されてからは、B29用に送る燃料弾薬が、途中でシエンノート航空隊や重慶軍に横取りされるようになった。

米陸軍省は、一九四四年九月、空輸状況について、つぎのように発表した。

「米国からインド、中国に送る物資は、月額二万三〇〇〇トンに達した。品目はガソリン、爆弾、武器のほか五トン積み貨物自動車二百台以上、ブルドーザー十一台、自動車五十台を含む」

輸送機が米本国に帰るときには、米国の軍需工場に送る中国からの戦略物資の原材料を載せていった。

また、米陸軍空中補給部隊のハリス大佐は、同年九月十一日のラジオ放送で、同部隊所属の輸送機は〝一時間四十二分ごとに太平洋を横断し、また、十分ごとにヒマラヤ山脈を越えて、物資の輸送に当たっている〟と述べ、つぎのように説明した。

「空輸部隊は最近一ヵ月間に、ヒマラヤ越しに四千五百回以上の飛行をした。一機四トン積みとすれば、中国への輸送量は月一万八〇〇〇トン以上になる」

五航軍特情班は米軍の無線連絡を傍受して、毎日、統計をつくっていたが、その資料よると、昭和十九年五月では、一日平均九十二の輸送機がインドから中国に入り、同数のものがインドに出ている。

七月中旬には一日平均百三十四機が中国に、百三十七機がインドに入った。八月では一日平均百九十機が中国入りをし、そのうち四十パーセントが基地についた。

このルートの中間、ヒマラヤ山脈付近は、ベンガル湾から吹きつける風で雲が多く、世界の空路きっての難所だが、そこを日夜、平気で飛び交っているのだ。

一往復平均一六〇〇キロとして、月二十二、三回就航したから、月平均三万五〇〇〇キロ飛んだことになる。

五航軍特情班調査の米軍輸送機出入統計の一部を次に掲げてみる。

米輸送機出入機数

（昭和十九年十二月～十二月十日）

	〔中国入り〕昆明へ	成都へ	計	〔インド入り〕昆明から	成都から	計
一日	二七二機	四六機	三一八機	二六八機	二〇機	二八八機
二日	一三七	六一	一九八	一六八	三八	二〇六
三日	二一七	一〇六	三二三	一六六	四八	二一四
四日	二七七	八六	三六三	二三四	七八	三一二
五日	二一一	九三	三〇四	二三三	五四	二八七
六日	一四九	六三	二一二	一七二	五九	二三一
七日	一四三	一四八	二九一	一一三	一二四	二三七
八日	九〇	一九八	二八八	九八	一五八	二五六
九日	二一九	七五	二九四	一五六	一一〇	二六六
十日	三九七	八二	四七九	四一一	四七	四五八
合計	二一一二	九五八	三〇七〇	二〇一九	七三六	二七五五

昆明送りはシエンノート航空隊と重慶軍への補給、成都送りはB29への補給が中心とみてよい。B29部隊への補給量は、月によってちがうが、中国送りの総量の約一〇―三〇パーセント程度である。ただし、B29部隊が直接、輸送するものもあるから、実際の補給量はもっと多いことになる。

九九双軽、成都へ盲目飛行

名称「陸軍九九式双軽爆撃機二型」、機体番号「キ48」、日本アルミニウム製造所製、発動機は千百五十馬力二基、川崎航空機製、後下方の銃座の射角を広くするために、下腹部をふくらませてある。ゆえに愛称を「おたまじゃくし」という。これが成都基地群のB29爆撃という、悲壮な任務を背負って立った主役だった。

B29の動静はついにわかった。筋からいえば、カルカッタの根拠地を爆撃して一挙に撃滅するのが戦術の常道だが、それは実行不可能なおとぎ話であった。そこでやむなく、成都の前進基地を爆撃して、「超空の要塞」を一機でも減らそうという作戦計画をとったのだ。そうして、漢口〜成都間約一〇〇〇キロの長距離夜間爆撃をおこなう苦しい任務を与えられたのが、とりあえず飛行第十六戦隊と、第九十戦隊の九九双軽だった。

九九双軽にこんな大仕事を押しつけるのは、初めから間違っている。この飛行機は支那事変が突発した昭和十二年の十二月に試作命令が下り、太平洋戦争前の昭和十五年秋ごろから第一線に出た。陸軍でいちばん稼働率が高い爆撃機で、終戦時まで全戦線でつかわれた息の長い飛行機である。その理由は、爆撃機としては運動性がよくて、四十五度の急降下爆撃ができたことによるものだった。

しかし武装は、機首と後上方と後下方の七・七ミリ機銃三梃と、爆弾三〇〇〜四〇〇キロ、それに行動半径は六〇〇キロぐらい、最大時速は高度五五〇〇メートルで約四〇〇キロという性能では、太平洋戦争の中期には、もはや老朽機だった。

しかし、飛行機がないのだから、このヨボヨボ機をつかわざるをえない。このころ五航軍がつかんだ情報によると、中国大陸の米空軍の兵力は九百機に余った。まず成都には百六十機内外のＢ29が出入りしている。そのほかにシエンノート航空隊が、戦闘機四百四十機（Ｐ38、Ｐ40、Ｐ51、Ｐ47、Ｐ61）と爆撃機三百三十機内外（Ｂ24、Ｂ25）をとりそろえて、襲いかかってくる。

この優勢な敵機と戦いながら、成都の長距離夜間爆撃という、従来の常識では不可能とされていた死の大バクチまでも打たなければならない。五航軍は、やるせない思いだった。

第一回の成都夜間爆撃は、昭和十九年九月八日の夜、敢行された。攻撃目標はＡ１基地（新津）とＡ７基地（彭山）であった。この日の昼間、満州の鞍山と本渓湖を爆撃した百機以上のＢ29が、この両基地に帰っているのをねらったのだ。

攻撃隊は飛行第十六戦隊と第九十戦隊の軽爆十機と、第六十戦隊の九七式重爆八機で、武漢基地と山西省運城基地から発進した。このときの戦果は、「着陸中のＢ29四機を炎上させ、十一機を撃破した。わが方は重爆二機未帰還」と発表された。

米空軍側は、「Ｂ29一機と輸送機一機に損害を受けた」と発表した。

九月二十六日夜には、ふたたび三回にわたって波状攻撃をかけた。このときには、米空軍側も、「Ｂ29五機が撃破された」と発表したから、相当の損害を生じたものと推定された。

十月七日夜、そして十月八日夜と、成都基地群に対する夜間攻撃が続行された。わが軍の発表によると、このときの戦果は、「B29一機炎上、二十二機撃破」であった。

青いビロードのような美しい夜空に、星がきらめいていた。あと二時間ぐらいで、鋭い下弦の月が出るはずだ。昭和十九年九月のある夜のことだった。私は漢口飛行場の誘導路を、軽爆隊のピストに向かって歩いていた。その夜、私がたずねた九九双軽の飛行第九十戦隊のピストには、重苦しい空気がただよっていた。成都のB29爆撃を初めて決行しようというのである。

戦隊長室には戦隊長の三木了中佐が、半ば壊れた中国式の木の椅子に寄りかかったまま、固く眼を閉じて身じろぎもしない。何事か瞑想する戦隊長、ハゲかかった頭はむさくるしく伸び、頬はこけ落ちて、めっきり衰えの度を加えている。汗と脂が黒くしみこんだ飛行服の、ほころびかけた襟足がわびしかった。

私は何もいわずに足音を忍ばして、そっと戦隊長室を出た。彼の胸のうちを想えば、痛々しくて、その姿を見るにしのびなかったからである。

空中勤務者のピストは、さすがに出撃前らしい勇ましさが満ちあふれていた。だが、パイロットたちの眼には、迷いの色がみなぎっていた。なにしろ初めての、しかも夜道の成都攻撃とあっては、肝心のコースがなかなかつかめないのだ。

成都へいく途中の四川省粱山（りょうざん）（漢口西方五九〇キロ）の夜間爆撃に出た経験のある先輩が、揚子江上流の夜間飛行について、若い後輩に指示を与えているが、粱山から先のことがわからない。結局、カンと運に頼って飛ぶよりほか仕方がない。
運を天にまかせた一六勝負をはじめようというのだ。彼らは、「どこで死んでも、死ぬ途に変わりはない。しかし、暗闇の揚子江上流の山奥で、人知れず死ぬのはやはりさびしい」という。

これから九九双軽に乗ろうとするある若い中尉のパイロットは、こういった。
「我々は、きっと成都のＢ29を焼いてきますよ。一機焼くと、内地を空襲するＢ29が一機減ります。Ｂ29を焼いて焼いて、焼きまくります」

福岡県生まれだというこの中尉は、腕をたたきながら、こう叫ぶのであった。彼はまだ敵の実態を、すこしも知っていなかった。成都にいる百何十機かのＢ29を焼きはらえば、日本は空襲からのがれることができるように思っているらしかった。実際には、彼が一機焼きはらううちに成都のＢ29は、あとからあとからと、何倍にもふえていくのだ。

成都夜間爆撃の惨

夜が更けるにつれて、星のきらめきがさえわたってきた。昼間灼けたコンクリートの誘導路のほてりが、まだ頬に熱く感じられる真夏の夜の漢口飛行場だった。

三木戦隊のピストを出た私は、〃掩体〃の方へ足を早めた。掩体というのは堤防をコの字型に築いたようなもので、この中に飛行機を入れておけば、爆撃されても直撃でないかぎり破壊をまぬがれる。

掩体の中では成都の夜間爆撃に向かう九九双軽が、死出の旅路の装いを凝らしていた。一機ごとに、たくさんの整備兵がしがみついて、整備を急いでいた。

窮余の策として、「遠距離夜間専用爆撃機」に改装された〝おたまじゃくし〟には、いくつかの新しい工夫が施されていた。整備兵が排気管に、長いトタン製のストーブの煙突みたいなものをとりつけている。何だときけば、「消焔管」だと答えた。つまり排気管から出るガスは、夜空では赤い炎のように見える。それでは敵に攻撃される目印になるので、この炎を消すために、こんな原始的な仕掛けを考案したのだという。こんな抵抗物をつけると速度はだいぶ落ちるが、やむをえないとのことだった。

一方では、武装係の整備兵が機内から旋回機銃をとりはずしていた。九九双軽の武装は七・七ミリの機銃三梃という貧弱さであるが、その機銃さえとりはずしているのだ。

この整備兵は、無表情にこう説明した。

「燃料と爆弾をすこしでも多く積むために、荷重を減らせという命令であります。そこで武装を全部とりはずすのであります」

機内の装備は、ほとんどとり払われた。その代わりに、二〇〇リットル入りの補助燃料タンクを三本、胴体の中に積みこんだ。なるほどこれだけ余分に燃料を積むと、「足」（航続距離）がいくぶん長くなる。〝おたまじゃくし〟の行動半径は普通六〇〇キロ内外だが、補助タンク三本積むことによって、一〇〇〇キロ内外に伸びる計算になる。

行動半径一〇〇〇キロというと、ちょうど漢口〜成都間の直線距離に相当する。どうにか飛べるが、ちょっとでも横道へ迷いこめば、燃料不足で還って来れなくなる。全く初めてのコースを、こんな乏しい燃料で飛べるのか。これでは、〝死んで来い〟という片道の特攻爆撃にひとしい。そのうえ燃えやすい九九双軽に、胴体いっぱいに補助タンクを積むことは、まるで薪を背負って火中に飛びこむのにひとしい。「ライター」どころではなく、「火の棺桶」である。

だが、これも目的達成のためには、やむをえない。乗員も減らした。九九双軽の乗員は、パイロットのほかに通信手、射手二人をくわえて普通四人だが、それを二人減らしてパイロットと通信手の二人だけにした。機銃をとりはずせば、射手はいらない。それにしても、乗り組む二人にとっては、なんとさびしい機内であろうか。

夜光時計の青く光る針が、私の手首で十一時を指していた。もうほどなく月が昇るだろう。

やがて、戦隊長から集合命令が出た。

一中隊、二中隊、三中隊のピストから攻撃隊員がいっせいに集合して、戦隊本部前に整列した。三木戦隊長から成都の攻撃命令が下された。

一機ずつ五分間隔の出撃だ。老いた愛機に乗りこむ攻撃隊員の姿を見送りながら、三木戦隊長以下整備兵全員は、挙手の礼をもって別れを惜しんだ。

かわいいキューピーや、女の人形などのマスコットの持ちこみは認められた。思い思いのマスコットが、操縦席の風防ガラスにつるされた。伊勢大神宮の神符をはりつけたものもあった。彼らは、これをただ一つの心のよりどころとして飛び立っていく。

始動車がかけ寄った。一番機のプロペラが、暗闇のなかでゴウゴウとひびきはじめた。〝おたまじゃくし〟が誘導路から主滑走路へ走り出たとみる間に、闇の底から美しい星空へ浮き上がるように跳躍した。赤と緑の翼燈が、見送るものの頭上で激しく明滅する。それは、彼らの最後の答礼だった。

こうして、素っ裸の九九双軽は、それぞれ五〇〇キロの爆弾を重そうに抱きながら、相次いで西の空に消えていった。星空は暗くて、何も見えなくなったが、見送るもののまぶたの底には、よろよろと揚子江上流の雲間をさかのぼっていく九九双軽の疲れ果てた姿が、いつまでも生々しく浮き彫りにされていた。

無線機は積んでいるが、連絡電波はいっさい放たない。敵に事前にキャッチされては、すべてが水の泡となる。夜空からながめると、眼下の揚子江はいぶし銀を流したように鈍く光っていた。その巨大な蛇のような流れを唯一の命綱として、わが軽爆決死隊は上流へ上流へとたどっていく。一時間ほどたって、一番機が日本軍最前線の宜昌上空をすぎて敵地区にふみこんだころ、行く手の四川省東部地区の万県（ばんけん）、粱山などの敵基地に空襲警報が発令された。

〝日本空軍の夜襲だ〟――と大さわぎしている敵地の様子が、三木戦隊のピストでも手にとるようにわかる。敵の無線連絡を傍受する五航軍の漢口特情班から、敵情をキャッチするたびに、三木戦隊へ流しこんでくるからだ。やがて重慶にも空襲警報が発せられた。だが、重慶のさわぎを尻目にかけて、日本機の爆音は、なおも遠く西の夜空に消えていく。

と、地名もわからない、とんでもない地点から、

『日軍機、ただいま爆撃中……』

という敵の緊急発信が飛びこんできた。漢口のピストでは、三木戦隊長の顔が瞬間、サッとくもった。成都以外の地を爆撃するはずがない。それはおそらく、どこか脇道の山の中へ迷いこんだ味方の一機が、力つきて自爆を遂げたものに違いあるまい。三木戦隊長以下、深い沈黙のまま、首を垂れた。

成都のＢ29基地爆撃に向かった九九式双軽爆撃機

しばらくして成都基地群の新津飛行場と、彭山飛行場に大混乱が起こった。

『日軍機、ただいま攻撃中……』

八方に飛ぶ敵の急電は、混乱をきわめている。『在地機を避難させろ』……というあわてふためいた敵の命令が飛んでいる。三木戦隊長の眼が空間を見つめて、しきりにうなずく。

〝攻撃成功……〟

やせこけた三木中佐の顔の中で、瞳が熱くうるんでいる。よくぞ、あの飛行機で成都までも……と、うれし泣きに泣いているのだろう。

それはまさにこの世の奇跡でなくて、何であろうか。

天佑神助というものは、たしかにある——と、誰もが思った。

成都から八幡の上空まで二六〇〇キロを、自動操縦装置によって居眠りしながら飛んでいくB29の乗員よりも、漢口～成都間一〇〇〇キロを、全身を眼にようにしながらカンを頼りに飛んでいった九九双軽の攻撃隊員の方がはるかに偉大ではなかろうか——とも感じた。

こうして一番機が点じた爆撃の火の手を目印にして、つぎからつぎへと波状爆撃を加えたのだった。


攻撃機が帰路についたと判断されるころ、漢口基地の第五航測隊から誘導電波が発信された。〝無線帰来法〟である。帰り道に迎えの手をさしのべたのだ。九九双軽は、この電波をたどって東へ飛んでくれば、漢口に帰ってくることができる。

揚子江上流の西の空から、成都攻撃隊が一機ずつ間隔を置いて帰ってきた。暁の赤い光を翼いっぱいに浴びながら、さも疲れたような足どりで、漢口飛行場の上空に現われてくる。主滑走路にどうにか着陸した瞬間、ペラがとまってしまったものもあった。ギリギリいっぱいしか燃料を積めなかった悲哀を物語るものであるが、それでも帰ってきたものは、幸運だといわなければならない。

地上砲火を浴びたのであろう、機体一面に弾痕をとどめて、やっと帰ってきたのもあった。かと思うと、自ら投げた爆弾の破片を胴体深くとどめて帰ってきた双軽もいた。地上スレスレの低空爆撃のあおりを食ったものらしいが、それにしても、よく帰って来られたものだ。

片発に敵弾をうけて、片肺のまま翼を斜めに傾けて、命からがら滑りこんできた際どい双軽もいた。機上戦死——の攻撃隊員もあった。敵の夜間戦闘機に食いつかれて、一連射を浴びた。機首の風防ガラスを砕いて飛びこんできた敵の機関砲弾を、運悪く胸に受けて、そのままあえなくなった通信手だった。拳が入るほど深く、大きく、えぐり抜かれた胸部の致命傷から噴き出したドロドロの血潮が、操縦席いっぱいに溜まり、ポタリ、ポタリと機体の外へ流れ出している。血塗られた九九双軽の姿は、暁の陽ざしをうけてことのほか凄惨だった。

整備兵たちが帰還した機体にしがみついて点検しているうちに、ある機の胴体から、途方もない大きな弾痕を発見した。ちょうど胴体の中ほどにある日の丸のあたりに、直径三十センチくらいの大穴がポッカリあき、恐ろしい力で一気に引きちぎったように、ジュラルミンの機体が裂けているのだった。

武装係の整備将校の判断によると、爆弾の破片でも、高射砲の破片でもなかった。それは、敵の機関砲弾による損害ということだった。しかも地上からのものではなく、明らかに上空から発射された機関砲の被弾だというのだ。その弾痕から判断すると、四〇ミリの機関砲だというのであった。

そのころの敵戦闘機の備砲は、二〇ミリ級のものが多かったが、四〇ミリとはまた、馬鹿にでっかいものをとりつけたものだ。そこで各種の情報を総合して判断してみると、P61という米空軍の新鋭夜間戦闘機が、成都に出現していることがわかった。P61は双発双胴、例のロッキードP38によく似ているが、P38より、一まわり大きい。俗に「ブラック・ウィドゥ」(黒寡婦)と呼ばれる無気味な夜の魔王である。

ブラック・ウィドゥは、こうもりのように夜空を飛んで、敵機に襲いかかる。夜戦専門の戦闘機だけに、レーダー設備が完全で、レーダーによって敵機を捕捉し、攻撃する。従来の大本営の情報によると、ブラック・ウィドゥの武装は、二〇ミリ機関砲二門、一三ミリ機関砲四門となっていたが、成都に出現したものは、じつに四〇ミリという強大な武装をととのえていたのだ。

これは危ない……ということになった。といって、昼間攻撃すればP47というB29の援護専門の高高度戦闘機隊の手にかかって、九九双軽などは途中で一機残らず食われてしまう。P47は実用上昇限度一万二〇〇〇メートル、成層圏飛行の高性能をもった新鋭機で、日本の〝隼〟も、とうてい攻撃をかけることができない。

B29の迎撃戦

B29の第二十爆撃集団司令官カーチス・ルメイ少将は、アーノルド総司令官の期待どおり、一貫して対日絨毯爆撃を強行した。これは彼が、米陸軍第八航空軍爆撃隊司令官として、B17をもって英本土からナチ・ドイツを爆撃して、ベルリンを焦土と化した得意の戦術を、日本に適用したのであった。

ルメイ戦法によると、編隊を組むときは、「零機幅」「零機長」といって、各機とも多少ずつの高度差はあるが、前後左右はすこしのすきもないほど、がっちりと組んだ密集編隊隊形をとった。これは爆撃効果を大きくすると同時に、敵戦闘機を撃退するためである。

爆撃機は、個々にはとうてい戦闘機の敵ではない。しかしながら、爆撃機がガッチリ大編隊を組むと、まるで一大空中要塞のような猛威を発揮する。ことにスクラムを組むことによって、防御火力が濃密となり、無死角となって俊敏な戦闘機さえ寄りつけない。とくにB29は防御火力が強大であるうえ、最新式の機関砲座は中央火器管制システムを採用して、リモコンによって集中砲火を正確に敵機に浴びせかけるようになっている。また機体の装甲も強化され、たとえ被弾しても自動的に口がふさがって、自然に消火できる。

B29の爆撃戦術も、司令官によってその都度いろいろの変化が見られたが、第二十爆撃集団司令官カーチス・E・ルメイ少将は、対日絨毯爆撃を強行した。彼の戦術は、後に彼がサイパン基地の第二十一爆撃集団司令官に転じて、東京、大阪、名古屋、神戸、横浜はじめ各都市の無差別爆撃をするときに、いっそう惨烈なかたちで現われた。

第二十爆撃集団の初代司令官ケネス・B・ウォルフ准将は技術屋あがりで、彼が実施した第一回の八幡製鉄所爆撃は、低空（高度二〇〇〇メートル以下）または中空（四〇〇〇メートル以下）の、いわば〝および腰〟の進入で、米空軍内部でも相当批判があったようだ。

しかし、ルメイ司令官が着任してからは、密集戦闘編隊をもって堂々と進入し、敵機の攻撃や高射砲の射撃があってもひるまず、目標に向かって爆撃コースを直進して絨毯爆撃を決行するというやりかたが、強く打ち出された。高高度飛行のため地上のわが高射砲はとどかないし、戦闘機も攻撃が困難になってきた。

高度の略称は、「超低空」といえば、地物からの比高がだいたい一〇〇メートル以下のところ、「低空」は二〇〇〇メートル以下、「中空」は二〇〇〇～四〇〇〇メートル、「高空」は四〇〇〇～八〇〇〇メートル、「高高度」となると八〇〇〇メートル以上の亜成層圏である。

一万メートルもの上空になると、地上では七六〇ミリの気圧が二〇〇ミリくらいに減っている。このように空気密度が稀薄になると、人間は呼吸が困難になり、思考力を失い、目がくらんでくる。当然、酸素マスクが必要だが、酸素を吸っていても息づかいが苦しくなる。飛行機の発動機も低空と同じ調子で動いてくれない。

そのうえ気温は低く、平均して氷点下五十度ぐらいで、風も強い。風速三～四〇メートルないし六～七〇メートルという暴風の中を、調子を失った人と飛行機が飛ぶのだから、飛行機は太平洋上で台風にあった船のように、前後左右にゆれる。このような上空になると、雲はほとんどない。あっても鳥の羽根のような氷でできた白雲だから、視界がきく。

こんな話があった。B29がどれもこれも、ジュラルミンの生地そのままのピカピカ機であるのをみて、

「米国もいよいよ物資が欠乏したようだ。迷彩塗料をB29に塗らないのは、そのためだ」

という軍情報が流されたことがあった。ところが、いざ、B29相手に高高度戦闘をやってみると、それがとんでもない話であることがわかった。

このように透明な上空では、機体の迷彩はかえって黒く見えて、敵に発見されやすい。逆

にジュラルミンそのままのB29の機体は、透明体のように空中に溶けこんで、なかなか見つけにくいのであった。このため、わが戦闘隊の内部から迷彩廃止の意見まで出たくらいだ。

もっとも、B29が迷彩をほどこさない理由は、もっとほかにもあった。第一に生産の簡易化、そして自重の軽減、さらに塗料を塗ることによって空気抵抗が生じ、速度が落ちるのを恐れたことなどによるもので、米空軍はその後、戦闘機の迷彩塗料も廃止した。

荘厳な地獄のような亜成層圏を、B29の乗員は気密室にふんぞり返って、ゆうゆうと四筋の飛行雲を引きながら飛んでいる。それを酸素マスクをつけて、アップ、アップしながら追撃し、照準眼鏡をのぞいて機関砲を発射しなければならないのだから、わが戦闘隊の苦戦は、言語に絶するものがあった。当時、わが戦闘隊員たちに、空中で初めてB29に出合ったときの印象をきいてみたら、みんな口をそろえて、

「こんな大きい飛行機が、この世にあるのかと、まずドギモを抜かれた。まるでおとぎの国から来た飛行機のように見えた。あまりに機体が大きいので、機関砲の発射距離が測定できずに困った」

といっていた。

日本戦闘機の機関砲の有効射程は、七・七ミリ機銃は三〇〇メートル以内、一二・七ミリ機関砲は五〇〇メートル以内、二〇ミリ機関砲は七〇〇メートル内外、三七ミリ機関砲は一〇〇〇メートル以内というところであった。海軍の〝零戦〟とともに日本軍の代表的戦闘機とうたわれた陸軍の〝隼〟を例にあげると、一型から三型まであって、武装は一型は機首に

二梃の七・七ミリ機銃があって、毎分三千八百回転するプロペラの間から、弾丸が発射されるようになっていた。

その後、武装が強化されて、三型になると一二・七ミリ機関砲となり、両翼にも二〇ミリ機関砲を各一門とりつけた。装着弾数は二千発、弾種は徹甲弾と曳光弾で、四発のうち一発の割合いで曳光弾がまじり、弾道が確認できるようになっていた。道続発射の速度は、機首の機関砲は毎分千二百発、また両翼のものは毎分四百発であった。機首のものも、両翼のものも、機関砲は三〇〇メートルの距離で照準が合うようになっていた。

だから、B29に攻撃をかけるときには、どうしても、あわや体当たり――という形になるまで接敵しなければならない。ノモンハンの空中戦で、ソ連のイ16戦闘機をめちゃくちゃにやっつけた九七式戦闘機時代には、敵味方ともに速度が遅く、ひらりひらりの宙返りで格闘戦をつづけるゆとりがあった。だが、〝隼〟時代には彼我ともに高速化していたので、引き返して第二撃をかけることはほとんど不可能になった。だからすれ違いの一撃で――〝隼〟でいえば機関砲の一連射、発射弾数、百～百二十発ぐらいのわずか数秒間で勝負がきまった。

そのようにきわどい死闘だったから、B29めがけて突っこんでも、飛行機の息が切れてしまうような高高度戦闘では、相手は〝超空の要塞〟だ、死神を背負って飛びこむようなものだった。

戦闘機は目的別に分類すると、基地または母艦から発進して、味方の爆撃機を援護しながら敵地に進攻して敵の戦闘機と戦い、制空権を奪う〝進攻用〟と、味方の上空で敵機を迎え撃つ〝局地用〟の二種類に分かれる。

進攻用戦闘機の生命は長距離飛行ができることで、局地用は外国流にいえば迎撃機だから、航続距離は半分ぐらいでもよいから、上昇力と速度にすぐれていなければならない。

進攻用戦闘機として代表的なのは、海軍の〝零戦〟と、陸軍の〝隼〟であった。

B29迎撃用としては、〝隼〟は性能上不向きであった。〝隼〟の戦闘高度は、ふつう最高七〇〇〇〜八〇〇〇メートルだったから、それ以上の高高度になると発動機の息が切れて、敵機に追いつけない。だが、飛行機が足りない非常時に、そんなことはいっておられない。陸、海軍ともに、怨敵B29撃滅のために一機でも多く、あらゆる機種を投入して決戦を挑んだ。

そして満州、中国の日本軍航空部隊はもとより、本土防空戦闘隊は、海軍挙げて、〝どうすればB29を撃墜できるか〟の戦術研究に、すべてを賭けた。

B29撃墜法のさまざま

戦訓は、血みどろの体験から生まれた。昭和十九年六月十六日の第一回北九州空襲の経験によると、これを迎え撃った陸軍の〝屠龍〟は、B29の速度があまりに速いのでB29の後下方に潜りこんだ。つまり空中戦闘では、敵より高位を占めて攻撃することが勝利のきめ手となるが、B29より高く飛ぶことができないので、やむを得ずB29の腹の下にもぐり、上向砲で上を向いて敵を射撃したのだ。

〝屠龍〟は最大時速五四〇キロ（高度六〇〇〇メートル）、実用上昇限度は一万メートルだが、これがなかなか追いつけないほどB29は高速だったという。結局、前方に固定した機関砲は役に立たず、B29迎撃用にとりつけた上向砲の三七ミリという大口径機関砲が、みごとに威力を発揮して、七機を撃墜した。これはさっそく貴重な戦訓となって、〝B29をやっつけるには腹の下から、上を向いて大口径の機関砲で撃ちまくること〟という一つの戦術が生まれた。

昭和十九年七月六日、第二十爆撃集団司令官ウォルフ准将は米本国に呼び返されて、副司令官のサウンダー准将が臨時に指揮をとった。彼は七月七日の八幡爆撃、七月二十九日の鞍山爆撃、八月十一日の長崎、八幡、島根、釜山地区とパレンバン爆撃、八月二十日および同二十一日の八幡爆撃を指揮し、九月八日の鞍山爆撃から、ルメイ新司令官と交替したが、七月二十九日の鞍山製鉄所空襲は初めての昼間攻撃で、しかも精密爆撃だった。

鞍山へ向かう途中を待ち伏せた中国戦線の五航軍の役山部隊は、午前十一時二十分ごろ、華北の覇王城上空でB29一機を撃墜したが、攻撃法は「前方接敵、直上攻撃」、みごとB29の胴体付近の燃料タンクに命中し、約一分間で発火、墜落した。

帰途も午後三時三十分、〝鍾馗〟三機でB29八機を追い、一機を撃破したが、攻撃法は前側下方に一撃かけたところ、右発動機と胴体に命中し、右発動機二基から黒煙をふきながら沈んでいった。このとき無理な高高度戦闘のためか、〝鍾馗〟の操縦者のなかに歯痛患者がかなり出た。

B29の本土来襲がたび重なるにつれて、撃墜される数も多くなった。乗員のなかには撃墜されるときにパラシュートで飛び降りて助かる幸運の主も少なくなかった。大本営は、そうした多くの捕虜について、いろんな角度から尋問を進めた。尋問の要点は、B29爆撃隊の内容およびB29の性能を調べること、そして、B29の弱点を洗いだして、攻撃法を検討することにあった。

捕虜の話を総合すると、つぎのようなものであった。

二式複座戦闘機〝屠龍〟。胴体上面に上向砲の砲身が見える

㈠　B29は長距離爆撃のため燃料を節約する必要があり、目標上空でも最大速度を出さず、巡航速度で飛行している。これは六十パーセントの出力に相当する。

㈡　B29の弱点は、爆弾倉内燃料タンクおよび後部爆弾倉内（主翼後縁付近）の酸素缶（十～十二個）の部位である。先般来襲の一機はここに一弾を食い、酸素缶が爆発して墜落した。ここをねらえばよい。

㈢　機関士の話によると、発動機はバルブおよび潤滑油与圧系統に不安を感じる。

㈣　B29の機関砲の射撃開始距離は約五〇〇メートル（別の説だと七〇〇～八〇〇メートル）で、上方砲座の射手に技倆優秀なものを配置してある。

(五) 翼内燃料タンクは完全に装甲せられ、また、操縦者は二分の一インチの装甲板で防護されているから、攻撃をかけても効果は期待し難い。

捕虜のなかに、カーマイケル大佐という上級将校がいた。彼はB29にたいする攻強法について、自分の体験を基礎にして、つぎのような意見を述べた。

「B29を撃墜するには、前下方より二機以上の戦闘機が同時攻撃をかけるのがよい。その場合の戦闘機の離脱方向は、下やや側方がもっとも安全である。射撃目標はB29の翼と胴体の接合部前縁付近とする」

(理由)

(イ) 戦闘機が前下方よりB29に攻撃をかけて、B29の上方前方機関砲の死角に入ると、これを捕捉するのは後下方機関砲だけとなる。しかし、その場合、後下方砲座は前方に指向するように回転しなければならない。これは前方砲座にくらべると、回転に時間がかかる仕事である。この際、回転させないように、後方砲座を後方から牽制するのも一案だろう。

(ロ) 後方砲座は特に火力が強いから、注意を要する。

(ハ) 側方も火力強大なので、攻撃をかけることは困難である。

(ニ) 離脱方向を下方に選定したのは、できるだけすみやかにB29の防御火力圏外に離脱す

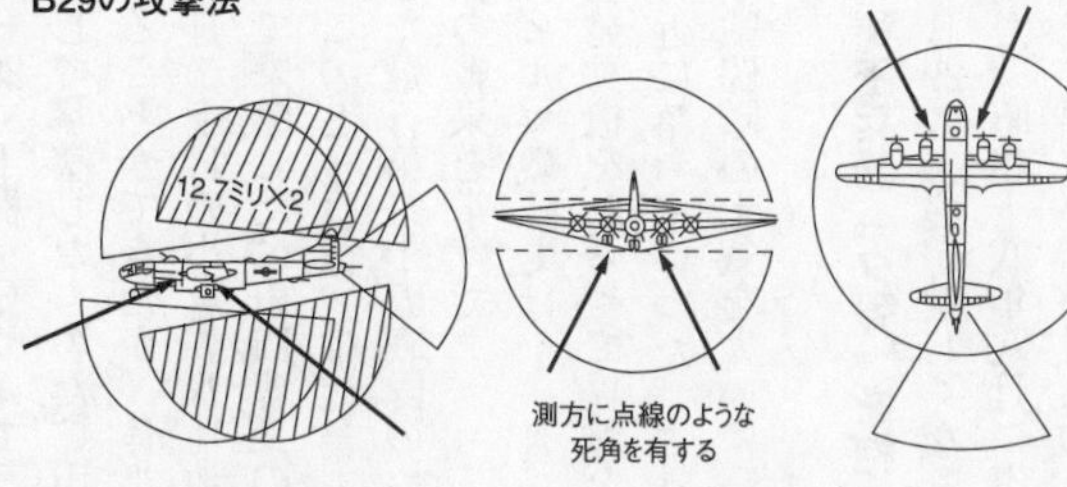

B29の攻撃法その2
矢印は攻撃箇所、円形は射界、機関砲は12.7ミリ6連装12門、尾部のものは20ミリと一体で合計13門（捕虜の話）

B29の攻撃法その1
矢印は前下方よりの2機以上の同時攻撃（カーマイケル大佐の意見）

るためである。しかし一度離脱すると、B29は速度が速いので、第二撃をかけることが困難になる。

㈭　夜間も前下方攻撃がよい。

㈬　同時に二機以上が攻撃をかける理由は、B29の防御火力を分散させるためである。とくに前方砲座は、上下両方を一人の射手が担任しているので、とまどいさせるために効果的である。

このような話が、本土防空戦闘機隊だけでなく、中国大陸ないし満州のわが戦闘機隊にとって、よい参考資料になったことはいうまでもない。

昭和十九年九月二十六日、満州の鞍山製鉄所が四回目の空襲を受けたときのことだった。B29七十数機を五航軍の飛行第九戦隊の〝鍾馗〟七機が中国で迎撃し、午前十一時三十分ごろ、新郷付近で鞍山行きのB29編隊を発見した。そして、二機を撃墜し、一機を撃破した。

そうして、午後四時三十分ごろ、彰徳付近で帰途のB29二十機を見つけて三機撃墜し、七機を撃破した。このうち一機は、田口曹長が体当たりして撃墜したものだ。田口曹長機は奇跡的にも機体を中破しただけで、無事に基地に帰還することができたが、体当たりされたB29は、そのまま墜落したのを地上部隊が確認した。八月二十日の小倉、八幡地区爆撃のときB29を二十三機撃墜したが、このうち三機は体当たりで撃墜した。田口曹長の体当たりはそれにつづくもので、特攻隊の〝走り〟であった。

このときには、別に第五錬成飛行隊の〝飛燕〟(三式戦闘機)一機がB29一機を撃墜し、また飛行第二十五戦隊の〝隼〟三型七機が、B29一機を落とした。結局、撃墜七機、撃破八機の戦果を挙げた。

ビルマ戦線では十一月二十七日に、第五飛行師団の大房曹長が、〝隼〟の二型でB29の内側発動機をねらって攻撃をかけたところ、敵機は発動機から黒煙をはいて、ドムアン飛行場付近に落ちていった。こうしたことは、〝隼〟でもB29を落とせることを立証したもので、隼戦闘隊の士気を大いに高めた。

秘密兵器「タ弾」を抱いて

B29の来襲が激しくなるにつれて、わが戦闘隊は、体当たりでこれを撃墜する特攻戦術に出た。昭和十八年八月二十五日、陸軍航空総監部から「爆撃機に対する衝突戦法」と題した指示が出ていたが、このときはまだ、パイロットの「自発的意志」にもとづいておこなうもので、「衝突もしくは接触をもって敵爆撃機を破砕し、または不時着させる」のが目的であった。

それが空襲の激化につれて、「自発的意志」にもとづく体当たりとなり、あるいは命令による体当たりとなった。とくに帝都防空の重責をになった第十飛行師団の師団長・吉田喜八郎少将は、昭和十九年十一月七日、部下の各飛行戦隊長にたいして、各戦隊四機ずつの体当たり特攻隊の編成を命令した。

各戦隊は希望者をつのったところ、熱望者が多く、それぞれ特攻隊が編成された。そして、翌年一月九日にB29が東京に来襲したときに、飛行第二四四戦隊の特攻隊員・丹下充之少尉と高山正一少尉は、地上から群衆が見守るなかで体当たりして、B29二機を撃墜した。また、飛行第四十七戦隊の栗村准尉と、幸万寿美軍曹ほか二人も、体当たりでB29四機を撃墜した。

この特攻隊のうち丹下少尉と、栗村准尉、幸軍曹の三人は戦死したが、そのほかの三人は生還することができた。

B29を空中で粉砕する使命をおびて登場した、日本軍の秘密兵器があった。それは「タ弾」という名称の特殊爆弾である。「タ弾」は当時、日本と軍事同盟を結んでいたナチ・ドイツから昭和十七年に技術提供をうけて、日本軍が製造した〝ヒトラーの贈りもの〟だ。

小型爆弾だが非常に強力で、戦車攻撃にも飛行機攻撃にもつかえた。飛行機からこれを投下すると、空中で花火のように猛烈に炸裂する。三〇キロ弾と五〇キロ弾の二種類あって、ベニヤ製の黒いかごのような形をして、断面は八角形になっていた。このかごの中に、三〇キロ弾は三十六個、五〇キロ弾は七十六個の子爆弾がつめられていた。ちょうど、ソ連の有名な新型爆弾〝モロトフのパンかご〟そっくりであった。

かごの先端にとりつけられた小さいプロペラが、安全装置であった。B29が来襲すると、戦闘機が翼の下に「タ弾」をつるして、迎撃に飛び立つ。そして、B29編隊の上方から直進攻撃をかけて、「タ弾」を投下すると、自機の加速で「タ弾」のかごに推力がついているので、プロペラが自然に回転する。その拍子にかごを包むゴムヒモが切れて、かごの外側の黒い薄板がはずれる。

すると、子爆弾がB29の進路上にバラバラ散乱し、その瞬間、爆発する仕掛けになっていた。榴弾（弾体内に炸薬をつめ、到着点で爆発する装置の砲弾）性で、手榴弾の大型のようなものである。爆発すると貫徹力が非常に強いので、子爆弾一発でB29の巨大な翼でも、ふっ飛ばせるくらいの威力があった。

支那派遣軍の一号作戦が開始されたころには、B29が中国大陸に出現したという情報がキャッチされていたので、五航軍はそれに備えて、「タ弾」を用意していた。そして、それを、いざというときに戦闘機や新司偵につけて、出動させることにしていた。

「タ弾」にまつわる戦線秘話に、「ウォーレス追跡事件」というのがあった。ウォーレス米副大統領が、C54輸送機に乗って中国を訪問したのは、一九四四（昭和十九）年の六月二十四日だった。ウォーレス副大統領は重慶、成都、昆明、桂林、零陵、西安から中国共産軍の本拠、延安まで視察した。ちょうど一号作戦がはじまって、湖南省長沙が日本軍に占領された直後である。

支那派遣軍の情報によると、ウォーレス副大統領は蔣介石総統やソ連側と協議して、重慶政府と延安の中共政府の対立関係を調整し、延安付近に日本空襲基地を新設することになった――と伝えられた。航空機材は北方航空路からソ連領経由で補給し、燃料は延安付近の油田を開発して、自給自足する計画だといわれた。

一号作戦で、桂林、柳州方面の米空基地が危機に瀕した折ではあるし、大いにあり得る話だ。この情報を裏書きするかのように、延安の毛沢東政権は七月十七日、中共軍の各分区にたいして、「中国大陸における日本空軍の基地」について、各種の情報を報告するよう命令を発したことが傍受された。

一方、ソ連領をへて米本国から新鋭戦闘機P63が、多数中国に送られつつあるとの情報もあった。そこで神経をとがらせた支那派遣軍は五航軍にたいして、

「ウォーレス米副大統領の乗用機を撃墜せよ」

と命令した。五航軍司令部は、快速をほこる漢口基地の新司偵――独立飛行第十八中隊と、第五十五中隊に〝ウォーレス暗殺係〟を命じた。新司偵は秘密兵器の「夕弾」を翼の下につけて、敵の無線連絡を傍受しながら、〝C54を追え〟――とウォーレス機をつけねらったが、大陸の空はあまりにも広大で、ついに発見することができなかった。

そのうちにウォーレス副大統領は七月二日、蘭州を出発し、ウランバートル、チタ、フェアバンクス、ノームをへて、北方航空路でワシントンに帰ってしまった。大魚をとり逃がしたわけだ。

話は一転して、昭和十九年九月八日、鞍山製鉄所にB29百七機が東襲したときに、鞍山戦闘隊の〝屠龍〟が、それぞれ五〇キロの「タ弾」二個ずつを抱いて迎え撃った。〝鍾馗〟も三〇キロの「タ弾」を一個ずつ翼の下にとりつけて、飛びあがった。

〝屠龍〟は高高度性能をよくするため、同乗者を乗せず、機関砲もはずして飛んでいた。〝屠龍〟も〝鍾馗〟も、B29の編隊の上空に出て前方の軸線上から「タ弾」を投下したが、高高度の諸元が正確でなかったために、せっかくの「タ弾」の効果も期待はずれとなった。

その後、大陸戦場でも日本本土でも、「タ弾」はたびたび用いられた。戦闘機だけでなく「新司偵」にもとりつけて、攻撃された。はっきりした戦果の記録はないが、B29に無気味な脅威をあたえたことはたしかだった。

怨敵、B29迎撃に奮戦したわが戦闘機は、陸軍では〝隼〟のほか〝鍾馗〟〝飛燕〟〝屠龍〟、海軍の〝零戦〟〝紫電改〟その他が主力となった。

B29の日本空襲が終盤戦に入りかけたころ、陸軍の新鋭戦闘機〝疾風〟(四式戦闘機)や、陸軍の傑作重爆〝飛龍〟(四式重爆撃機)がようやく出現した。〝飛龍〟は昭和十九年の十月に緊急生産命令が三菱に下ったのであった。〝飛龍〟は双発の重爆で、実用上昇限度九四七〇メートル、高度六〇〇〇メートルの最大時速五三七キロ、爆弾を積まないときには、宙返りができるくらい運動性にもすぐれていた。

この〝飛龍〟に、七五ミリの野戦高射砲を装備した。口径七五ミリといえば、野砲級である。これがB29を迎撃したときには、ただ一発でB29の巨体を粉砕したくらいの威力を発揮した。祖国を焦土と化したB29に対する日本民族の怨念の象徴ともいうべき〝飛龍〟だったが、悲しいかな生産が追いつかなかった。結局、終戦時までの生産機数は、合計わずかに六百六機にしか過ぎなかったから、いかんともし難いものがあった。

内地空襲のテスト、漢口大爆撃

昭和十九年の十月初旬、大本営から五航軍にたいして、警戒を要する情報が飛んだ。それは、

「十月二日、トラック島とバンコクに来襲した敵機が、二五〇キロ級の大型焼夷弾を投下した」というのだ。

この大型焼夷弾は、〝MPあるいはPJと称し、長さ一メートル、直径四五センチ、円筒形で重量五〇〇ポンド、弾頭には着発瞬発信管や短延期信管がついている。中央に黒色火薬(二一〜一〇パーセントのマグネシウムを混ず)、周囲に八〇リットルの焼夷剤を入れた。焼夷剤は、マグネシウムその他の原料を膠質油脂をもって固定合成す。五〇キロ地雷弾程度の破壊力を有し、粘着性に富み、消火困難である。目下大量生産中である〟と説明されていた。

ところで、昭和十三年十月、日本軍が占領して以来、重慶ならびに在支米軍撃滅の一大作戦根拠地となっていた武漢三鎮のうち、とりわけ漢口にたいする米空軍の空襲は、昭和十九年の夏から激しくなったが、初期のころは飛行場中心の爆撃だけであった。ところが十一月

に入って、

「米空軍が無差別爆撃をするそうだ」

という噂がとび、中国人は漢口市街から逃げはじめた。

十一月十三日、重慶軍の航空委員会総指揮部（注・重慶空軍総司令部）の、主任・周至柔から、第三戦区司令長官・顧祝同にたいして、

「和平地区（注・日本側の汪兆銘政府地区）爆撃は、先日協議決定したもので、中国人の犠牲を除くため、密使を出して、目標付近から避難するよう勧告している」

と連絡したという情報が入った。米空軍は遂川、贛州基地に多数の戦爆機を前進させ、漢口の空襲を強化した。十一月二十二日と二十四日の武漢地区にたいするＢ24、Ｂ25の夜間爆撃は、とくに猛烈だった。

ところが、その年（昭和十九年）の十二月十八日、〝死の行進事件〟がきっかけとなって、漢口全市は初めてＢ29の焼夷弾攻撃をうけ、九十パーセントが焦土と化してしまった。これは、日本本土で使う新型焼夷弾をテストしたものであった。

その当時、私は漢口にいたが、そのころの日記をつぎにとり出してみよう。

十二月十日
またまた漢口市街に空襲あり。

十二月十三日

数日前から漢口市内に住む中国人が急に浮き足立ってきた。街の洋車引きまでが、日本人を見くびってきたようだ。たび重なる空襲は、日本軍が負けたためと思っているらしい。

十二月十六日

支局（注・筆者のいた毎日新聞武漢支局）で使っている中国人のボーイが「先生、たいへんだ」といって私のところへとんできた。引っぱり出されるままに街頭に出てみると、中国人市民が荷物をまとめ、てんびん棒でかついで、家族もろともいっせいに逃げはじめている。

郊外に出てみると、あぜ道は長蛇の列だ。ナベ、カマをかついだ男、赤ん坊を背負った女、杖をついた老人……みんな漢口を見捨てて、どこかへ逃げていく。一人の青年を呼びとめてきいてみると、何もいわずに空を指さした。敵の大空襲の予告があったらしい。

十二月十七日

支局で遅い朝飯を食べていると、ドンチャン、ドンチャンと楽隊の音がきこえてくる。表に出てみた。行列の先頭は三人の米人飛行士だ。上半身をはだかにされ、後ろ手に手錠をかけられている。

その横に付きそったカーキ色服の中国人巡警数人が、「漢口盲炸美鬼」（注・漢口盲爆の米鬼）と、筆太に書いたのぼりを押し立て、これ見よがしに米人捕虜を引っ立てていく。その後から楽隊があおり立てている。

空襲で家を壊され、家族を殺された中国人の群衆数十人が、怒号しながらなだれのように米人飛行士に追いすがり、打つ、殴る、ける……。米人飛行士は血だるまとなって半死半生だ。結局、市中引きまわしの上、焼き殺したとのことだ。

（注・この事件は終戦後〝漢口死の行進事件〟と呼ばれ、連合国戦犯人調査委員会によって、引きまわしの責任を問われた武漢防衛の第三十四軍参謀長・鏑木正隆少将ほか憲兵八人が処刑され、総領事が終身刑となった。発表されたところによると、日本軍は中国民衆の信頼を回復するため、湘桂戦線で撃墜された米戦闘機乗りの捕虜三人を引っぱり出し、これが漢口を爆撃したと偽って、中国人に報復させたとあった）

十二月十八日

正午から約三時間にわたってB29、B24、B25、P51等、戦爆連合百数十機の漢口大空襲あり。敵機は十数回の波状攻撃を繰り返した。B29は主として大量の焼夷弾を投下し、全漢口市街は黒煙につつまれ、火の海と化した。そのうえに爆弾をまき、地上掃射を行ない、惨憺たる生き地獄を現出した。

支局北隣りの中国飯店も猛火につつまれ、延焼してきたので、あちらこちら逃げまわり、四キロほど離れた旧日本租界の支局分室に逃げこんだが、ここも三階と階下が焼け、残るは一室のみ。被害甚大。全市火の海。死屍累々。敵の戦法はたしかに変わってきた。焼夷弾の絨毯爆撃は、こんどが初めてだ。中国人たちは、昨日の米人飛行士引きまわし事件の報復だといっている。

この爆撃は、たしかに前日の事件の報復であったかもしれない。しかし、それだけではなかった。新型焼夷弾を使ったことは、何よりももっと計画的であったことを物語っていた（後日、それが東京、大阪その他日本の各都市を焼き払うテストであったことがわかった）。

このころ、インド、ビルマ、中国戦域の米軍総司令官スチルウェル大将は、蔣介石総統と衝突してウェデマイヤー中将と交替した。同時に中国戦域は、インド、ビルマとは別になった。だから新作戦が動きだすのは、当然だった。十二月十八日、B29がB24、B25、P51等と連合で漢口に来襲したことは、ルメイ少将の第二十戦略爆撃集団と、シエンノート少将の第十四航空軍が、初めて協同作戦をとったことを示したものであった。

これは、シエンノート少将の宿望であった。中国戦域が独立して、中国派遣米軍総司令官に任命されたウェデマイヤー中将に、B29爆撃集団の指揮権が認められたのであった。

漢口市街は、その後、数日間燃えつづけた。そして九十パーセントまでが、無残な焦土と化した。煉瓦造りの建物が多く道幅のせまい漢口市街は、日本の都市とよく似ているところがあった。そこを新型焼夷弾で絨毯爆撃をすることが、どれだけ効果的であるかを知ったルメイ少将は、やがてマリアナ基地から日本全土にたいして、この手を使った。

ここで、ふたたび中国大陸で死闘を展開する支那派遣軍の湘桂作戦にスポット・ライトをあてる必要がある。

凄絶、衡陽の大攻防戦

昭和十九年六月十八日、第十一軍は湖南省の首都・長沙を占領した。だが、その三日前の十五日には、米軍がサイパンに上陸を開始し、また二日前の十六日には、北九州がB29のために第一回の爆撃を受けていた。このために日本の国内は、動揺していた。その折の長沙占領は、ほとんど無価値にひとしい感じでながめられた。作戦軍の将兵は、浮かばれない思いであったに違いない。

長沙攻略後の主戦場は、湖南省衡陽にうつった。数多い米空軍の前進基地のうち、最も活発に、そして有効に使われたのは衡陽だ。

衡陽飛行場は六月二十六日の夜明けごろ、第六十八師団の独立歩兵第六十四大隊（大隊長・松山圭助大佐）によって、占領された。

松山大隊は、湘江をはさんだ向かい側の衡陽城内にこもる重慶軍の砲火をうけながら、敵が爆破した滑走路の大穴に、ドラム缶を埋めて応急修理をした。そして二日後には、五航軍の直協機が発着できるようにした。

衡陽城は、幅約五〇〇メートルの湘江の激流に面した市街である。ここには重慶軍きっての猛将、第十軍長・方先覚（ほうせんかく）中将がたてこもっていた。岳州～衡陽間三百数十キロの道筋には、一キロごとに一台の割で日本軍の戦車やトラックの残骸が一列に並んだ、といわれるくらい苦戦をつづけてきた第十一軍は、六月二十八日、湘桂作戦最大のヤマ場となった衡陽攻撃を開始した。

しかし、それは失敗に終わった。七月十一日から火ぶたを切った第二次衡陽攻撃も、成功しなかった。八月四日からの第三次攻撃で、ようやく衡陽城に白旗があがった。方先覚軍長が降伏したのは、八月七日の夜だった。衡陽は翌八日、完全に占領された。攻撃開始以来、じつに五十二日目だった。七月中旬に占領する予定が、二旬も遅れた。

衡陽攻略戦のことは当時、新聞紙上にもあまり伝えられなかったが、これは大陸戦線では初めての、立体的一大攻防戦となった。日本軍は第十一軍の頭上に五航軍の全航空兵力を動員し、重慶軍には優勢な米空軍が全戦力を挙げて援護し、地上も空中も入り乱れての、凄絶な死闘が繰り広げられた。

衡陽守備の重慶軍四個師を日本軍四個師団が包囲し、その日本軍を重慶軍の救援部隊三個師が包囲したため、戦線は混乱し、後方も前線もなくすべてが火線となり、白兵戦となった。そして敵味方ともに、旅団長、連隊長、大隊長級の高級指揮官も一兵の区別もなく、押しなべて多数戦死した。

第六十八師団の歩兵第五十七旅団長・志摩源吉少将は、兵士とともに手榴弾を投げているときに、敵弾を頭にうけて戦死した。敵味方の死傷は数万に達した。敵弾をうけないものも、飢え、疲れ、そして病に倒れた。八月の炎天下に山をなした死体は崩れて、強烈な屍臭が息をふさいだ。傷口は腐敗して、まさに凄惨な地獄が現出した。

日本軍の捕虜となった重慶軍は一万三千、このなかには、方先覚軍長もふくまれていたが、彼はある夜、脱走してしまった。衡陽攻略戦でとくに勲功があった第百十六師団（師団長・岩永汪中将）の歩兵第百三十三連隊（連隊長・黒瀬平一大佐）にたいして、第十一軍司令官・横山勇中将から感状が与えられた。

私は衡陽飛行場占領直後、第一飛行団司令部とともに衡陽飛行場に乗りこんだ。巨大な〝アカエイ〟——衡陽飛行場は、まさにそれだった。青インクを流したような湘江の東岸に広がるこの飛行場は、赤煉瓦の粉のような赤い土肌をむき出していた。

主滑走路は一六〇〇メートル、米空軍戦闘機の前進基地であった。北方の漢口まで四三〇キロだから、わずか四、五十分の距離だ。飛行機は高地の麓に掩体を築いてかくしていたし、燃料庫や弾薬庫も高地に横穴を掘ってつくってあった。

これではいくら爆撃しても、効果はあるまい。滑走路に穴をあけてみても、中国人労働者を動員すれば、一晩で修理ができる。これまでの日本空軍の衡陽爆撃は、味方の損害が大きかったわりに、敵の被害は少なかったのではないかと思われた。

高地のあちこちに木陰を利用して、バラック建ての宿舎が列をつくっていた。宿舎に散乱していた『大剛報』とか『力報』とかいう華字知聞には、衡陽城内のダンスホールの名が、デカデカと広告されていた。衡陽に前進した米空軍の連中は、戦いの余暇にはダンスや何やらで結構楽しんでいたらしい。

中国人の娘八人がつくった輸血隊があって、負傷した米人飛行士に献血していたことも、知聞記事でわかった。この輸血隊には、林語堂博士の娘の林如斯も参加していた。それから、「招考留美空軍飛行軍官生、十八歳〜二十三歳」という広告が、毎日、各新聞に掲載されていた。要するに米国に留学する飛行将校を募集する重慶政府の公示だった。これは、中米飛行団という米支混合空軍を増強して、米空軍に協力するためであった。

湖南戦線でわが隼戦闘隊に撃墜され、落下傘で飛び降りて、日本軍の捕虜になった唐葉書という重慶空軍の少尉があった。彼はこう語っていた。

「自分は成都で高級中学を卒え、雲南省昆明の空軍軍官学校に入学した。そして、一九四二年、同期生百人余りと米国に留学し、アリゾナ州フェニックス市の航空隊に入隊した。ここで四百時間の飛行訓練を受け、翌年の八月、インドのカラチに向かい、中米飛行団の一部隊に編入されて昆明に帰った。中米飛行団はシエンノート航空隊に協力するため組織された中国人部隊で、幹部は米人、機材はすべて米国から補給された。毎年二回、留学生が渡米する」

衡陽攻略後、戦線は南西に向かって進んだ。九月六日（昭和十九年）、湖南省零陵の米空軍基地占領——。九月八日、零陵市占領——。

私は、衡陽から五航軍の第十五航空通信連隊第三中隊（中隊長・宮原大吉大尉）のトラックに便乗して、衡陽南西一三〇キロの零陵飛行場に前進した。宮原部隊の任務は、占領した敵の航空基地へ無電を展開して五航軍司令部と連絡をとりながら、味方機が発着できるようにすることだ。

九月十六日、宮原部隊のトラックは、寸断された悪路と敵の空襲、それに敵の敗残兵の襲撃と戦いながら、零陵飛行場に到着した。衡陽とともに日本軍を悩ましつづけた米空軍の戦闘機基地は、零陵市街の東方九キロのところにあった。

主滑走路は長さ一五〇〇メートルであったが、飛行場の規模は衡陽よりはるかにすぐれていた。敵は逃げるに当たって、完全に破壊していた。滑走路は爆砕されて、二十六ヵ所に大穴があいていた。直径一五メートル、深さ六メートルぐらいの大穴で、池のように水がたまっていた。

宿舎も、すべて爆破されていた。P40一機とB25爆撃機の壊れたのが二機、打ち捨てられてあった。そのほか一〇〇ポンドないし一〇〇〇ポンドの爆弾二百個と、ガソリンのドラム缶六十五本を惜し気もなく捨ててあった。飛行場の一隅にはダンスホールさえあって、米軍独特の体臭をひしひしと感じさせた。

桂林航空要塞を見る

私が乗った宮原部隊のトラック隊は、零陵からさらに西南へ——湘桂公路を広西省桂林に向かって、まっしぐらに進んだ。米空軍の目を避けるために昼間は木陰にひそみ、夜を待って暗闇の中を突っ走った。湘桂公路は幅六メートルのりっぱな道路だ。重慶軍はあわてて逃げたので、道路を壊すことができなかったようだ。

　零陵を過ぎると、すぐ湖南省と広西省の省境である。広西省に入ると、あたりの風景はどんでん返しの舞台のように一変した。南画に見るような奇岩怪石、それが湘江の水の青さに映じて、こよなく美しかった。こうした天をつく奇岩怪石の果てしないつらなりが、広西省独特の景物詩だった。

　私たちが桂林の城門外にたどりついたのは十一月九日(昭和十九年)の夜だった。この日の明けがたから、桂林城の総攻撃が開始されていた。城内では激しい市街戦がつづいて、とても入城できるものではなかった。その翌日、やっと桂林が陥落した。城内の街路には、敵の円盤形の地雷が無数に埋めてあった。残敵掃討の市街戦がつづいていた。車両の通行は危険なので、私は宮原部隊とともに歩いて城内に踏みこんでいった。

　桂林は南画の趣きをたたえた。美しい大都市である。東は海陽江の支流、西は衡陽から伸びてきた湘桂鉄道──その間にはさまれた桂林は、長方形の城壁をめぐらしていた。南国特有の空は明るく、水は青く清らかであった。

　桂林は蔣介石政府のなかでも、外様の雄としてきこえた西南派の名将・李宗仁将軍と白崇禧将軍の本拠だった。それだけに徹底抗戦の意気は激しかった。市街戦と爆撃戦で街の建物はことごとくあとかたもなく破壊され、瓦礫(がれき)の都と化していた。

　城内は占領下とはいえ、まだ敗残兵の掃討戦がつづき、米空軍が爆撃していく。私は宮原部隊長とともに、桂林城の南方に築かれた在支米空軍の前進根拠地、桂林航空要塞に向かった。

乳色の霧がしきりに流れていた。深い霧のヴェールが、やがて赤々と染まってきた。桂林の空に、明るい陽がのぼった。

〝秋霧に桂林城のおぼろなる〟

〝黎明(あけ)の空紅に染め抜きて、桂林城はいま陥ちにけり〟

宮原部隊長、感懐の句は、桂林入城のあふれる感激を、精いっぱいに表現していた。

私たちのトラック隊は、敗残兵の狙撃と地雷に神経をとがらせながら、城内を南につっ切って郊外に出た。一時間ばかりぶっ飛ばしたところに、桂林第一飛行場があった。桂林には飛行場が三つあった。そのなかでもっとも規模が雄大なのは、第一飛行場だった。

第一飛行場の北端に、衡陽から伸びてきた湘桂鉄道の末端駅があった。その駅の構内には、貨車が長蛇の列をつくったまま打ち捨てられてあった。貨車の数は二、三百両もあった。だが、数よりも、その一両一両の車両の型が、ことごとく異なっている点に驚かされた。江南鉄道とマークされた車両もある。粤漢鉄道、膠済鉄道、津浦鉄道、隴海鉄道、北寧鉄道、京漢鉄道、中興公司鉄道……中国全土にわたる各鉄道のいろんな型の貨車が、博覧会のように、ことごとくここに運びこまれていたのだ。

おそらく昭和十二年の支那事変突発以来、日本軍に押され押されて、あちらこちらから鉄路はるばる桂林まで逃げのびてきたものであろう。無言のうちに支那事変史を物語るかのようだった。

私たちのトラックは、間もなく坦々たる舗道の上を走っていた。舗道といっても、小石の上に赤土を敷いて、ローラーをかけた即製のものだ。だが、驚いたことには、大平原の中を蜒々と走っていくこの舗道には、四～五〇メートルの間隔を置いて、至るところがポッカリと大穴があいていた。

直径一二メートル、深さ五メートルもあろうか。底に青々と清水をたたえた池のような大穴だった。この大穴が規則正しく、何列にも並んでいた。大穴は数十個あった。穴の周辺は、底から噴き上げた赤土が、直径三〇メートルぐらいの環をえがいて、盛り上がっている。爆破口だ。

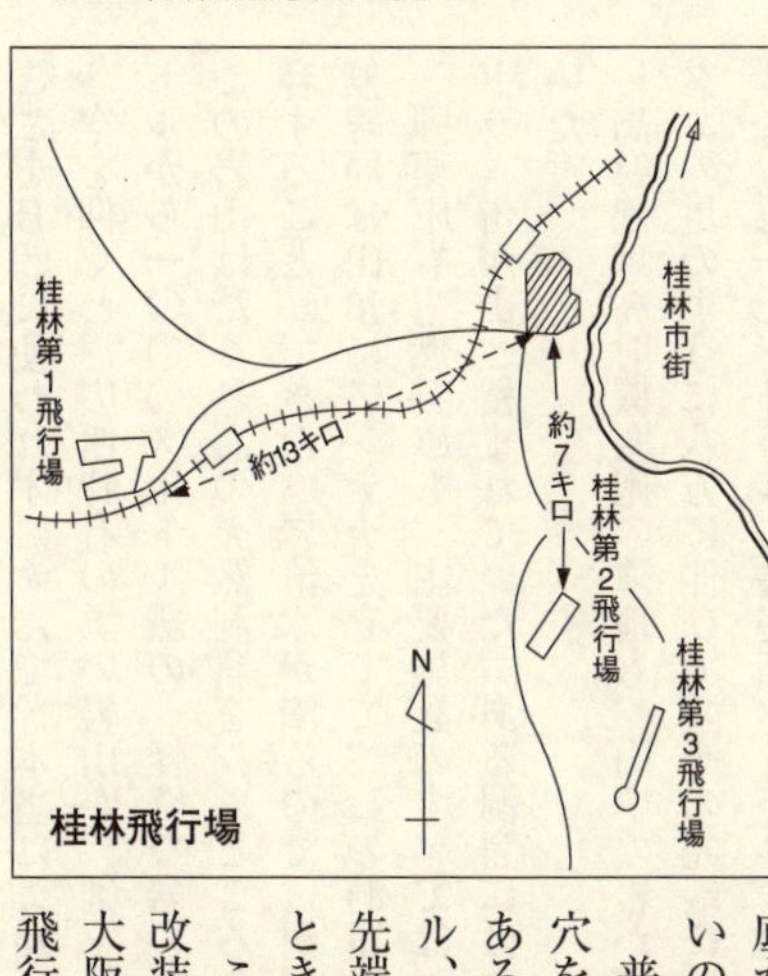

桂林飛行場

普通の道路にしてはおかしい。やがて、この大穴をあけられた舗道は、第一飛行場の主滑走路であることがわかった。主滑走路は幅五〇メートル、長さは三〇〇〇メートルに余った。滑走路の先端は、霧にかすんで見えなかった。敵は逃げるとき、滑走路を爆破していったのだ。

この滑走路を見れば、桂林がB29の基地として改装されていたことが、すぐわかった。ここから大阪まで二六〇〇キロ、東京までは三〇〇〇キロ、飛行時間にして六時間半ないし七時間半である。

ここをB29に使われずにすんで、本当によかったという感じだった。

空を仰ぐと、広西特有の黒い岩山が、剣を植えたように突っ立っていた。標高五〇〇メートルから一〇〇〇メートル級の、怪奇な岩の峰が、飛行場の周辺に蜒々とつらなっていた。この岩山はたくさんの天然洞窟を、ふところ深く抱いていた。大きなものは三百人ぐらい収容することができた。岩清水が滴るので、洞窟の中には木造の建物が立っている。敵の対空無線局は山頂にアンテナを立てて、この洞窟の中に引きこもっていた。

弾薬庫も、燃料庫も、主要施設のすべては洞窟の中にあった。ある洞窟には、航空燃料のドラム缶が山と積まれていた。ある洞窟には木炭の山、そして食塩の俵がいっぱいつまっていた。

高射砲、高射機関砲の陣地も、山中の岩かげに配置されていた。滑走路からは誘導路が、タコの足のように八方に伸びて、その先端には飛行機を入れる掩体があった。高さ五メートルないし一〇メートル、厚さ五メートル、幅一五メートルないし三〇メートルという赤土をコの字型に盛った掩体が、数百メートルの間隔を置いて整列していた。あるところでは山裾をえぐりとって、格納庫にしていた。このように空からの攻撃にたいしては、絶対不死身の桂林航空要塞であった。

桂林航空要塞と名づけたのは、飛行第二十五戦隊（隼）長の坂川敏雄少佐だ。坂川戦隊長は、こう語っていた。

「私は何回となく桂林を攻撃したが、行くたびに桂林飛行場が拡張されているのに、びっくりした。岩山の地形をたくみにとり入れた桂林は、もう飛行場という生やさしいものでなく、攻めるに難く、守るに易い航空要塞だ。世界一りっぱな恐るべきところである。桂林をこのままにしておいて、日本本土の防空は成り立つまい」

桂林に立って、はじめて坂川戦隊長のことばがわかった。

廃品置場には、B24、B25、P40、P51、P38などの残骸が山と積まれてあった。平地の建物は全部焼き払われていた。

中国人労働者の宿舎が、幾棟もあった。何千人もの人夫を収容していたようだ。日本軍の夜間爆撃で滑走路に穴をあけられるたびに、人夫を動員して修理していたのだ。

桂林航空要塞は果てしなく広かった。一日がかりで歩いて、やっと第一飛行場のアウトラインがつかめたくらいだった。

第一飛行場から一時間ほどトラックを走らせたところに、第二飛行場があった。ここはまだ拡張工事中で一〇〇〇メートル幅の滑走路が、二〇〇〇メートルほど伸びただけで、施設はまだ整っていなかった。

そこからまた一時間近くトラックを飛ばしたところが、第三飛行場であった。主滑走路は三〇〇〇メートル、第一飛行場にひとしいくらいの雄大さがあった。ここにもB29基地としての規模があった。この三つの飛行場をフルにつかった場合の桂林航空要塞こそ、日本の死命を制する恐るべき存在になったであろう。

十一月十日、桂林、柳州を占領した第十一軍は、十二月二日、貴州省独山を攻略した。また、第二十三軍は、十一月二十四日、広西省南寧を占領して、インドシナから北上した南方軍と握手した。引きつづいて、翌年（昭和二十年）には、江西省遂川の占領（一月二十九日）と贛州占領（二月六日）、広東省南雄の占領（二月三日）が相次いで発表された。

昭和十九年四月十八日に開始された一号作戦は、こうして終幕を迎えた。しかし、あれだけの大激戦を展開し、あれだけの大戦果を挙げたにもかかわらず、残念ながら結局、影の薄いものになってしまったのは、作戦の途中に、成都から発進したB29のために、まんまと本土を空襲されてしまったからだ。そのうえ太平洋戦局の悪化は、まさに母屋に火がついたものであり、もはや中国戦線の勝利どころではなくなったのである。

一号作戦は、戦いにはりっぱに勝ったが、〝在支米空軍基地を覆滅して日本本土の空襲を未然に防止する〟作戦本来の大目的は果たすことができなかったという結論になる。

第五章　B29、マリアナに現わる

第二十一爆撃集団の進出

これよりさき、中国大陸戦線を除いて、総崩れとなっていた太平洋戦局は、いよいよ大詰めを迎えた。

マリアナ諸島のサイパン島は、昭和十九年六月十一日から、米第五艦隊司令長官スプルーアンス大将が率いる第五十八機動部隊の猛烈な砲爆撃を受けはじめた。そして、六月十五日、米軍は上陸を開始した。これに呼応して、成都基地からB29が第一回の日本爆撃に飛び立った（北九州爆撃は、翌十六日の払暁となった）。東京の南二五〇〇キロのマリアナは、日本爆撃の絶好の足場である。米軍はそこに目をつけていた。

日本軍守備隊の抵抗がつづくかたわらで、砲火を浴びながら、米軍は旧日本軍の飛行場を中心に、B29基地の建設工事を開始した。ニューギニア戦線で、アッという間に密林を焼きはらい、砂漠に鉄板を敷き、湿地帯には金網をひろげ、わずか一日で戦闘機を発着させた米軍である。サイパン基地は、みるみる形をととのえていった。最高指揮官・南雲忠一海軍中将、守備責任者第四十三師団長・斎藤義次中将以下の日本軍守備隊が、〝バンザイ突撃〟に移って全滅したのは七月七日であった。

九月二十九日、サイパンの南隣りのテニアン島と、グアム島の日本軍守備隊も同じような悲しい運命をたどった。一方、ビルマの日本軍はインパール作戦に惨敗し、大本営は七月四日、インパール作戦の中止を決定していた。

マリアナ陥落後、大本営は台湾と沖縄の防衛体制をかためた。

米軍はサイパンに一ヵ所、テニアンに二ヵ所、グアム島に三ヵ所、合計六ヵ所のB29基地を急造した。グアムでは二万二千の島民が米軍に徴用された。滑走路はこの島で生産したアスファルトで舗装され、永久基地としての設備をととのえた。太平洋戦域の米軍の最高指揮官は、陸軍はダグラス・マッカーサー元帥、海軍はチェスター・ニミッツ元帥、戦略空軍はヘンリー・アーノルド元帥であった。

サイパン基地にたいして、一日三隻の輸送船が燃料、弾薬を運んできた。この一日の輸送量は、インドからヒマラヤ越えで中国の昆明、成都に空輸した量の一ヵ月分よりはるかに多い——と米軍は発表した。

昭和十九年六月、米極東空軍が編成されてマッカーサー元帥の指揮下に入った。極東空軍は、オーストラリア東部とニューギニアにいた米第五航空軍（司令官クレーブル少将）と、ソロモン方面の第十三航空軍（司令官スミス准将）を集めて編成したものである。これは、太平洋戦域の戦術空軍の基幹をなすものであった。そして第五航空軍が比島、台湾、中国南部、南シナ海方面の攻撃、第十三航空軍は比島、海南島、インドシナ、南シナ海、ボルネオ方面の攻撃を担当した。

グアム島北飛行場に集結した第314爆撃飛行団のＢ29

昭和十九年十月下旬、マリアナ諸島の南のカロリン諸島のトラック島に、突然、Ｂ29の編隊が数回つづけて来襲した。〝日本の真珠湾〟といわれた太平洋上における日本海軍最大の根拠地トラックも、このころは連合艦隊が退却してガラン洞となっていた。Ｂ29の太平洋戦線への出現は、これが初めてであった。これはサイパンのイスレイ基地が完成して、Ｂ29戦略爆撃隊が進出したことを物語るものだった。

十月十二、三日ごろ、Ｂ29の第一陣がサイパンに到着していた。トラック島の爆撃は、サイパン到着後のテスト爆撃であった。カーチス・ルメイ少将の第二十爆撃集団が、成都を基地にして北九州と満州の爆撃を続けているところからみて、サイパンに進出してきたＢ29は、新しく編成された別の戦略爆撃隊に違いないと判断された。

後日、この新しいＢ29部隊は、第二十一爆撃集団であることがわかった。アーノルド将軍直属の第二十航空軍のなかに、第二十、第二十一の両爆撃集団が編成されたのである。Ｂ29出現の報が伝わると、サイパン北方約一〇〇〇キロの硫黄島基地から、日本海軍の葉巻型の一式陸上攻撃機が、サイパン基地の爆撃を開始した。すると、Ｂ29が硫黄島を爆撃するという基地攻防戦が、十一月上旬以来つづいた。

第二十一爆撃集団司令部（司令官ヘイウッド・Ｓ・ハンセル准将）は、グアム島に置かれた。その下には五個の爆撃飛行団（ウィング）があった。グアムには第三一四、第三一五、サイパンには第七十三、テニアンには第三一三、第五十八の爆撃飛行団が配置された。

東京、名古屋、大阪、神戸爆撃シリーズ

昭和十九年十一月一日、マリアナ基地のＢ29一機が一万メートル以上の高高度を、四筋の白い飛行雲を引きながら、初めて東京の上空を駆け抜けていった。

これはＢ29の偵察機であった。日本軍の戦闘機と高射砲の圏外を、ゆうゆうと偵察していったのだ。Ｂ29を改装したこの写真偵察機の正式呼称は、「Ｆ13Ａ」であった。Ｆ13Ａが装備したカメラは、「地図作成用の三面撮影装置一基、特定目標物撮影用のカメラ三台で、一回の偵察に五千枚撮影する。乗員は正規の十一人に、写真技師二人を加えて十三人」（昭和二十年五月二十日、米陸軍航空技術補給本部発表）であった。

Ｆ13Ａの出現は、やがて有史以来の恐るべき殺し屋が来襲する前ぶれであった。

本土防空に活躍した三式戦闘機〝飛燕〟

十一月二十四日午後一時ごろ、京浜地区に空襲警報が無気味にひびきわたった。南方海上から富士山を目標にして、高度一万メートル前後で進入してきた百十機のB29の大梯団が、東京の中島飛行機武蔵工場をねらって爆弾を降りそそいだ。しかし、低空に雲が深くたれこめていたので、武蔵工場に投弾したのは二十数機にすぎず、他は東京の市街地を爆撃した。これが、サイパンのイスレイ基地から発進した第二十一爆撃集団の、第一回東京空襲であった。

このときには、〝鍾馗〟〝飛燕〟〝屠龍〟〝月光〟〝零戦〟などが迎撃したが、B29が高高度をとったため攻撃が困難で、体当たりしたのもあった。日本側は「B29撃墜五機、撃破九機」と発表し、米軍側は「日本機の撃墜七機、不確実撃墜十八機、撃破九機」と発表した。

第二回目の東京爆撃は十一月二十七日で、昼間約八十機のB29が来襲して、ふたたび中島をねらったが、雲のため失敗し、市街地や港湾施設に爆弾を投じた。

第三回の東京空襲は、十一月三十日であった。B29は約三十機、初めての夜間爆撃である。こうして空の魔王B29の惨烈な集団殺人と破壊は、東京だけでなく、各都市に拡大されていった。

ところで、マリアナ基地のＢ29にとって、目の上のコブは硫黄島だった。硫黄島基地の日本機は勇敢にＢ29を迎撃し、サイパンにもたびたび殴りこみをかけた。そこで、このコブを切り取る大手術として、米軍がばく大な代価をはらった硫黄島攻略戦がはじまった。昭和二十年二月十九日、米軍はついに硫黄島に上陸し、わが硫黄島守備隊は勇敢に戦い、三月十七日、全滅した。

ここで、成都のＢ29と、マリアナのＢ29の対日爆撃を、戦略上から比較してみよう。

特徴的な点は、初めのうち成都のＢ29が主として製鉄工業の破壊をねらったのにたいし、マリアナのＢ29は航空機工業の破壊を主目標とした。これは対日爆撃目標を⑴飛行機工業、⑵製鉄工業、⑶港内船舶、⑷市街地ときめたアーノルド総司令官のマッターホーン計画表にもとづくものであった。しかし、そのうちに第二十爆撃集団司令官カーチス・Ｅ・ルメイ少将と、第二十一爆撃集団司令官へイウッド・Ｓ・ハンセル准将の性格を浮き彫りにするような現象が起こった。

それは昭和十九年十二月十八日のことだった。

この日、前に述べたように、ルメイ少将は中国大陸でシエンノート航空隊と初めて協同作戦をとり、成都から百機近いＢ29の大編隊を飛ばせて、漢口市街の無差別大爆撃をおこなった。そして初めて新型焼夷弾をつかい、全市を火の海にした。

一方、ハンセル准将も、同じ日にマリアナからＢ29七十機を発進させて、名古屋の三菱重工航空機工場を精密爆撃した。精密爆撃は地上の一点ともいうべき爆撃目標をねらって、レーダーにより、正確に爆弾を落とすものである。ルメイ少将の無差別爆撃は、いわゆる絨毯爆撃で、あたり一面にところかまわず爆弾なり、焼夷弾をばらまく爆撃法である。

ハンセル准将の東京爆撃の手口を洗ってみると、一貫して高高度からのレーダーによる精密爆撃であった。ルメイ戦法とは、正反対であった。ルメイ少将の前任者ウォルフ准将（前第二十爆撃集団司令官）も精密爆撃論者であったが、上官のアーノルド総司令官はそれに満足しなかった。その結果、ウォルフ准将は退けられて、ルメイ少将の登場となったのだ。

ところが、成都で起こったようなことが、ふたたびマリアナでも起こった。昭和二十年一月二十日、突然、ハンセル准将がやめさせられ、ルメイ少将がその後を襲って、第二十一爆撃集団司令官として、マリアナ基地に出現することが発表されたのだ。

その理由として伝えられたものをまとめると、

一、アーノルド総司令官は、無差別爆撃を得意とするルメイ少将こそ、B29のために生まれてきたような男であると、信仰的にほれきっていること。

二、十二月十八日の漢口絨毯爆撃は、東京はじめ日本の各都市を焼きはらう新しい焼夷弾の威力をテストしたもので、漢口を炎上させたルメイ少将の成功を、アーノルド総司令官が高く評価し、東京爆撃をやらせようと考えたこと。

三、爆撃目標は軍事施設や、軍需工業の破壊を常道とするハンセル准将の精密爆撃論が、アーノルド総司令官の気に入らなかったこと。

などであった。

カルカッタ根拠地の第二十爆撃集団の指揮を、後任のロジャー・M・ラメイ准将にゆずったルメイ少将が、グアム島の第二十一爆撃集団司令部に着任したのは、昭和二十年の一月下旬であった。日本にとって、もっとも不幸な人物が、東京の鼻の先に立ちふさがったのだ。

ルメイ少将のマリアナ出現とともに、B29部隊の日本空襲は、二月から焼夷弾による無差別爆撃に切り替えられた。その手はじめは、二月四日の神戸爆撃であった。この日来襲したB29は約百機にのぼり、初めての焼夷弾攻撃によって、神戸市街の東半分は灰になった。

アーノルド元帥が二月十九日、ルメイ少将にたいして、攻撃目標はこれまでどおり飛行機工場だが、同時に、大都市と飛行機工場に対して焼夷弾攻撃をせよとの命令を出したときには、ルメイはすでに神戸で実行ずみであった。

ルメイ少将は、つぎに東京で焼夷弾の実験爆撃をすることにした。二月二十五日の午後二時半ごろ、焼夷弾を大量につんだB29百七十余機が、東京の市街地に火の雨をふらせた。これで東京の戸数百五十四万のうち、十パーセント以上の十九万戸が焼失した。この日、東京は、同時に艦載機延べ六百機の大攻撃をうけて、惨憺たる地獄図絵を現出した。

この実験で、ルメイ少将は、いまさらのように、日本の都市にたいしては、焼夷弾が効果的であることを知った。そこで彼は、最大規模の焼夷弾攻撃を実施する決心をした。ルメイ少将の徹底した焼夷弾攻撃シリーズが最高潮に達した場面は、昭和二十年の三月十日に東京、三月十二日に名古屋、三月十三日に大阪、三月十七日に神戸の西半分、さらに三月十九日と三月二十五日に名古屋と、順を追って、日本の代表都市をたてつづけに一連の大爆撃によって、ほとんど完全に焼きはらったときであった。

まず東京をみよう。三月九日夕、グアム、サイパン、テニアンの全基地から総動員したB29三百三十余機が、それぞれ五〇〇ポンドのナパーム入り焼夷弾二十四個ずつを積みこんだ。

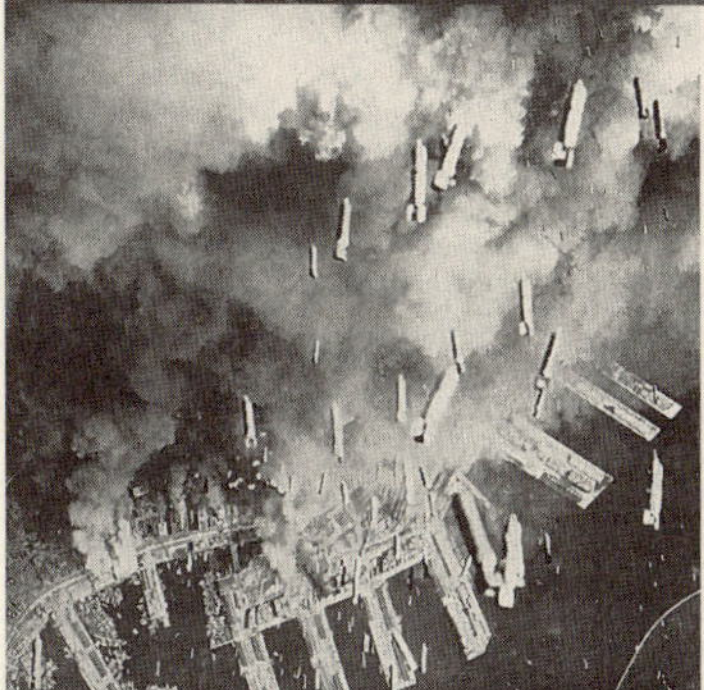

高射砲弾の炸裂する中、焼夷弾を投下する第三一三爆撃飛行団のB29。左は、神戸空襲時にB29から投下されて市街地に降り注ぐ無数の焼夷弾

ただし、先頭の梯団だけは、七〇ポンドの小型焼夷弾を百八十個ずつ抱いた。機関砲弾をとりはずして、積めるだけ焼夷弾をつめこんだ。

十日午前零時十五分、東京地区に空襲警報がひびいた。東京上空にきたB29は、百十機であった。まず先頭梯団が小型焼夷弾を広い範囲にバラまき、後続部隊はこの火をねらって大型焼夷弾で絨毯爆撃した。

この攻撃で東京の深川区、本所区は全滅し、城東、向島、浅草、日本橋の各区も、ほとんど潰滅した。一夜にして三十万戸の家が焼け、死者は八万人、負傷者は七万一千人に達し、罹災者は百万を越えた。原爆ではないが、広島、長崎と並ぶ惨害をもたらした。

戦争中、東京はB29、艦載機をふくめて、百二十二回、延べ四千八百七十機の空襲をうけ、十万の市民が死んだが、その大部分は三月十日の犠牲者だった。

このときの黒焦げの遺体は公園、寺院、学校などに仮埋葬されたが、錦糸町公園には一万三千体、上野公園には八千四百体が埋められ、そのほかの空地もほとんど墓地に早変わりする有様だった。

東京都墨田区横網（よこあみ）町の東京都慰霊堂の「昭和大戦殉難者納骨室」に現在納められている無縁仏は、八万七千五百九十五体、その大半は三月十日の被害者である。一家全滅あるいは行方不明などのため、いまだに引きとり手がない。

三月十日の東京空襲で、B29は高度一〇〇〇メートルから三〇〇〇メートルぐらいで爆撃したので、日本軍の高射砲で十四機が撃墜され、四十二機が損害をうけた。しかし、〝ルメイ戦法〃は十分そろばんに合った。

名古屋は三月十二日の午前零時二十分から空襲をうけた。Ｂ29二百八十五機が、一七五〇トンの焼夷弾を投下した。これは東京の投下量より一二五トン多かったが、東京ほどの被害は出さなかった。

三月十三日は大阪の番だった。夜十一時十五分から十四日の午前三時四十分までの間に、二百七十四機のＢ29が来襲し、一七五〇トンの焼夷弾をふらせて大阪の中心部、八・一平方マイルを全滅させた。

二月四日に東半分を焼かれた神戸は、三月十七日の午前二時二十七分から二時間余のうちに、Ｂ29三百七機の来襲をうけ、一三三五トンの焼夷弾を食わされて西半分も焦土と化した。

名古屋も三月十九日午前二時すぎから、ふたたびＢ29二百九十機に襲われ、一八五八トンの焼夷弾をあびた。第三回目の名古屋爆撃は、三月二十五日の夜十一時五十分すぎから、二十六日の午前一時すぎまで百三十機によって続けられた。

この四大都市にたいする焼夷弾の無差別大爆撃は、人類が初めて体験した生き地獄だった。しかも、それが夜間であったために、猛火と猛煙はいっそう凄惨だった。空を仰ぐと低空を飛ぶ〝死の使者〟Ｂ29の機体は、地上の猛火を映してキラキラ真っ赤に輝いていた。

地上から噴き上げる火と煙の巨大なうずまきは、上空で激しい乱気流を起こして、Ｂ29の巨体が、ときどき宙天高く木の葉のように吹き飛ばされるのが目撃された。有史以来、地球上ではさまざまな殺戮がおこなわれたが、このときの火攻めほど無残な大量虐殺はなかった。

日本の四大都市が三月中にあらかた潰滅したので、米統合参謀本部は引きつづいて、三十三都市にたいする焼夷弾攻撃を命令した。

ワシントンは日本本土上陸作戦の前提として、焼夷弾攻撃を考えていたが、爆撃王のルメイ少将は、B29の攻撃だけで日本は必ず降伏すると、強く主張していた。

第五〇九戦隊、原爆投下せよ

ところで、第二十爆撃集団はどうなったか——。

マリアナ基地群が完成した以上、不便なカルカッタと成都の基地がこれまでどおり必要かどうかは、だれの目にもすぐ判断することができた。昭和二十年一月六日の九州西部の爆撃を最後にして、成都からのB29の来襲が終わったことは、第二十爆撃集団が、カルカッタと成都から引き揚げたことを物語るものであった。

第二十爆撃集団は任務を終わって、二月に入り解散したが、所属将兵とB29はマリアナ基地に移動して、第二十一爆撃集団に編入された。

昭和二十年三月二十五日、沖縄の慶良間列島に米軍が上陸した。マリアナのB29部隊も、このアイスバーグ作戦（沖縄作戦）に参加し、四月十七日から五月十一日まで、九州、四国の飛行場十七ヵ所を、延べ二千百四機で攻撃した。しかし、この間二十四機を失い、二百三十三機が損害をうけ、B29に戦術的任務は不適当だと判断された。

五月十一日、沖縄戦から解放されたB29は、あらためて焼夷弾による戦略爆撃を強化したが、補給が活発で出撃機数が激増した。最高記録はつぎのとおりである。

五月十七日払暁の名古屋爆撃五百二十二機
五月二十三日払暁の東京爆撃五百二十機
五月二十九日朝の横浜爆撃五百十七機
六月一日朝の大阪爆撃五百二十一機
六月五日早朝の神戸爆撃五百三十一機
六月十五日朝の大阪、尼崎爆撃五百十六機

昭和二十年の七月五日、米陸軍省のロバート・パターソン陸軍次官は、日本にたいして大詰めの戦略爆撃を開始するため、太平洋戦略航空隊が新設されたことを発表した。これは陸軍航空軍総司令官アーノルド元帥に直属する部隊で、司令官はカール・スパーツ大将、また司令官代理はバーネイ・ジャイルス中将であった。

太平洋戦略航空隊の指揮下に入ったのは、第二十航空軍と第八航空軍で、第二十航空軍は米本国からマリアナ基地に前進した。これにともない、第二十一爆撃集団は解散して、人員とB29はそっくり第二十航空軍の中に編入された。そして、第二十一爆撃集団司令官カーチス・ルメイ少将が、第二十航空軍司令官に昇格した。

第八航空軍は英国本土にあって、ルメイ少将が爆撃集団司令官の当時、B17でドイツを無差別爆撃して、ベルリンとハンブルクを廃墟にした部隊であるが、五月七日、ドイツが無条件降伏したので、マリアナへ転進してきた。

第八航空軍司令官は、昭和十七年四月十八日、初めて日本を空襲したB25爆撃隊の指揮官ジェームス・H・ドゥリットル中将（当時中佐）であった。それがふたたび日本にとどめを刺すために、やってきたのだ。このころ、マリアナ基地のB29は六百機以上にのぼっていた。

第二十航空軍は、硫黄島基地のP51戦闘隊を指揮下に入れた。それはB29が日本本土を空襲するとき、援護させるためであった。

昭和二十年八月六日、広島に巨大なキノコ雲が立ち、八月九日には長崎が同じ運命に見舞われた。史上初めての原子爆弾を投下したのも、ルメイ少将の第二十航空軍であったが、この原爆投下部隊は、後から第二十航空軍に送りこまれたものであった。

その年の四月十二日、ルーズベルト米大統領が死去して、トルーマン副大統領が大統領に昇格した。トルーマン大統領はマンハッタン計画によってつくり出された原爆をつかって、日本の無条件降伏を早めるため、原爆使用の命令を下した。その命令が、太平洋戦略航空隊司令官スパーツ大将に伝えられたのは、七月二十五日だった。

これよりさき、米本国で原爆投下の秘密訓練をうけていたポール・W・チベッツ大佐の第五〇九戦隊が、六月にテニアン島の北飛行場に進出し、第二十航空軍に、こっそり編入されていた。この部隊が広島と長崎に、重さ五トンの原爆を運んだのであった。

米国シアトルのボーイング航空機会社がつくり出したB17が、ナチ・ドイツを滅ぼし、そしてB29が日本を潰滅させた。その指揮官が、いずれもカーチス・ルメイ少将であったわけだ。

昭和二十年九月二日午前九時四分――東京湾内の米戦艦ミズーリ艦上で、日本の無条件降伏の調印式がおこなわれているとき、その頭上を、四百六十機のB29が、ゴウゴウと凱歌を奏しながら駆け抜けていった。

対日空襲に出動したB29は、延べ三万五千機、日本本土にばらまいた爆弾量は十六万トン余に達した。

内務省防空総本部が、昭和二十年八月二十三日にとりまとめた全国の空襲による被害総計は、つぎのとおりであった。

死者	約二十六万人
負傷者	約四十二万人
家屋全焼、全壊	約二百二十一万戸
家屋半焼、半壊	約九万戸
罹災者	約九百二十万人 （死傷者を除く）

こうして、日本国民が、B29の悪夢に悩まされた第二次世界大戦の幕は閉じた。

ともに消えた〝老兵〟マッカーサーとB29

だが、ボーイングB29の任務は、まだ終わらなかった。

戦後、米ソ間の冷戦がきびしくなるにつれて、B29は原爆を積んだ戦略爆撃集団に改編され、ヨーロッパや極東に配置された。そして、もっぱらソ連を威圧する役割を背負わされた。一九四八（昭和二十三）年六月、ソ連がベルリンを封鎖したとき、B29原爆部隊はヨーロッパの基地に進出して、ソ連軍に大きな圧迫をくわえた。

しかし、世紀の覇者「超空の要塞」ボーイングB29にも、最後の舞台がおとずれた。一九五〇（昭和二十五）年の六月二十五日に突発して、一九五三（昭和二十八）年の七月二十七日に終わった朝鮮戦争がそれであった。

この期間中に、日本本土と沖縄の基地から、延べ二万機を越えるB29が出動して、北朝鮮軍や中共義勇軍を爆撃した。しかしながら、この〝空の魔王〟も、朝鮮戦争の新しい舞台になると、まるで前世紀の遺物のようなあわれな存在となった。それは、この戦争がもはやジェット機の時代に移っていたからだ。B29のような旧式のプロペラ機が出る幕ではなかったのである。

朝鮮戦争になると、敵、味方ともにそれぞれ高性能のジェット戦闘機が出現していた。米空軍がF86を繰り出すと、これに対抗してソ連製のミグ15が登場して、F86を圧迫した。米ミグ15は小型ながら、三七ミリ機関砲を装備していて、米空軍にとって恐るべき敵となった。

北朝鮮上空には、通称「ミグ街道」と呼ばれる無敵ミグの制空ラインまでできた。ミグの名が、米空軍の飛行士たちの耳に、無気味なひびきを与えたのは事実であった。

　老いた巨体、性能が劣るプロペラ機のB29は、ミグ15のこよなき餌になった。あるとき、B29九機がF86戦闘機六十余機に援護されて、北朝鮮軍陣地の爆撃に出動したことがあった。そのとき突如、ミグ15の大編隊に包囲されて、米空軍は袋だたきにあい、B29は一機も帰還しなかったことさえあった。

　結局、朝鮮戦争はB29に対して、実用機としては不適格であるとのきびしい判定を下したのであった。

　強気のマッカーサー元帥は、昭和二十五年十一月六日、米航空部隊司令官ストラトメイヤー中将に対して、B29九十機をもって鴨緑江の橋を爆破するように、発進の準備を命令した。マッカーサー元帥は、中国軍と大量の軍需物資が満州から北朝鮮に流れこんでいるので、鴨緑江の橋を爆破し、その〝北側地域〟にあるすべての施設を制圧することが必要だと、主張していた。

　しかし、戦火が満州に拡大することを恐れた米統合参謀本部は、これに反対して、トルーマン大統領の同意を得て、爆撃禁止命令を出した。怒ったマッカーサー元帥は、十一月七日、かさねて統合参謀本部にたいして、

「満州を基地とするソ連製ミグ戦闘機の活動が活発化しているので、満州へ越境追跡することを許可するよう」

要請したが、これも拒否された。マッカーサー元帥のこうした積極方針は、なんとかして休戦にこぎつけようと努力するトルーマン大統領にたいする反逆行為のようなかたちで、積み重なっていった。

一九五一（昭和二十六）年四月十一日、トルーマン大統領は、ついにマッカーサー元帥を、米極東軍最高司令官、連合国軍最高司令官、国連軍最高司令官の地位から解任した。こうして〝老兵〟は静かに消えていった。空の老兵ボーイングB29も、マッカーサー元帥の後を追って大空から消えていった。

話は日本が無条件降伏をした直後にさかのぼるが、マッカーサー元帥が日本に進駐してきた当時のこと、彼は得意満面で、日本の新聞記者団にたいして、「希望があれば何事でも申し出るがよい」といったことがあった。そのとき私は、

「B29は、日本人として永久に忘れることのできない飛行機である。ぜひ一度、乗せてほしい」

と申し出た。しかし、これについては、ついにOKは出なかった。

そして、日本人が誰一人知らないうちに、B29爆撃機は、歴史の彼方へ飛び去っていった。

写真提供／著者、雑誌「丸」編集部・USAF・National Archives

単行本　平成十九年十月　光人社刊

＊潮書房光人社が贈る勇気と感動を伝える人生のバイブル＊

ＮＦ文庫

大空のサムライ　正・続
坂井三郎
出撃すること二百余回——みごと己れ自身に勝ち抜いた日本のエース・坂井が描き上げた零戦と空戦に青春を賭けた強者の記録。

紫電改の六機　若き撃墜王と列機の生涯
碇　義朗
本土防空の尖兵となって散った若者たちを描いたベストセラー。新鋭機を駆って戦い抜いた三四三空の六人の空の男たちの物語。

連合艦隊の栄光　太平洋海戦史
伊藤正徳
第一級ジャーナリストが晩年八年間の歳月を費やし、残り火の全てを燃焼させて執筆した白眉の〝伊藤戦史〟の掉尾を飾る感動作。

ガダルカナル戦記　全三巻
亀井　宏
太平洋戦争の縮図——ガダルカナル。硬直化した日本軍の風土とその中で死んでいった名もなき兵士たちの声を綴る力作四千枚。

『雪風ハ沈マズ』　強運駆逐艦 栄光の生涯
豊田　穣
直木賞作家が描く迫真の海戦記！ 艦長と乗員が織りなす絶対の信頼と苦難に耐え抜いて勝ち続けた不沈艦の奇蹟の戦いを綴る。

沖縄　日米最後の戦闘
米国陸軍省 編
外間正四郎 訳
悲劇の戦場、90日間の戦いのすべて——米国陸軍省が内外の資料を網羅して築きあげた沖縄戦史の決定版。図版・写真多数収載。

＊潮書房光人社が贈る勇気と感動を伝える人生のバイブル＊

NF文庫

提督の責任 南雲忠一
星 亮一

最強空母部隊を率いた男の栄光と悲劇

真珠湾攻撃の栄光とミッドウェー海戦の悲劇──数多くの作戦を指揮し、日本海軍の勝利と敗北の中心にいた提督の足跡を描く。

ルソン海軍設営隊戦記
岩崎敏夫

残された生還者のつとめとして

指揮系統は崩壊し、食糧もなく、マラリアに冒され、ゲリラに襲撃されて空しく死んでいった設営隊員たちの苛烈な戦いの記録。

戦場に現われなかった爆撃機
大内建二

日米英独ほかの計画・試作機で終わった爆撃機、攻撃機、偵察機六三機種の知られざる生涯を図面多数、写真とともに紹介する。

赤い天使
有馬頼義

白衣を血に染めた野戦看護婦たちの深淵

恐怖と苦痛と使命感にゆれながら戦野に立つ若き女性が見た兵士たちの過酷な運命──戦場での赤裸々な愛と性を描いた問題作。

母艦航空隊
高橋定ほか

実戦体験記が描く搭乗員と整備員たちの実像

艦戦・艦攻・艦爆・艦偵搭乗員とそれを支える整備員たち。洋上の基地「航空母艦」の甲板を舞台に繰り広げられる激闘を綴る。

写真 太平洋戦争 全10巻 〈全巻完結〉
「丸」編集部編

日米の戦闘を綴る激動の写真昭和史──雑誌「丸」が四十数年にわたって収集した極秘フィルムで構築した太平洋戦争の全記録。

ＮＦ文庫

刊行のことば

第二次世界大戦の戦火が熄んで五〇年――その間、小社は夥しい数の戦争の記録を渉猟し、発掘し、常に公正なる立場を貫いて書誌とし、大方の絶讃を博して今日に及ぶが、その源は、散華された世代への熱き思い入れであり、同時に、その記録を誌して平和の礎とし、後世に伝えんとするにある。

小社の出版物は、戦記、伝記、文学、エッセイ、写真集、その他、すでに一、〇〇〇点を越え、加えて戦後五〇年になんなんとするを契機として、「光人社ＮＦ（ノンフィクション）文庫」を創刊して、読者諸賢の熱烈要望におこたえする次第である。人生のバイブルとして、心弱きときの活性の糧として、散華の世代からの感動の肉声に、あなたもぜひ、耳を傾けて下さい。

NF文庫

本土空襲を阻止せよ！

二〇一七年三月十三日　印刷
二〇一七年三月十九日　発行

著　者　益井康一
発行者　高城直一

発行所　株式会社潮書房光人社
〒102-0073　東京都千代田区九段北一-九-十一
振替／〇〇一七〇-六-五四六九三
電話／〇三-三二六五-一八六四代
印刷・製本　図書印刷株式会社

定価はカバーに表示してあります
乱丁・落丁のものはお取りかえ致します。本文は中性紙を使用

ISBN978-4-7698-2998-0 C0195
http://www.kojinsha.co.jp

資料Ⅰ　日本本土空襲一覧表(1)（昭和19年6月16日より 同 20年8月15日まで）

本表は、防衛庁戦史室の調査資料と、著者の調査資料を総合して、著者が作成したものである。

(備考)

1．本文中の数字と本表の数字に相違するものがあるが、本文中の数字が後日判明した新しい数字である。
2．邀撃機数不明のものは記入しなかった。
3．戦果は空中戦のほかに高射砲によるものもふくめた。撃破中には「損害を与えたもの」もふくむ。
4．少数機の来襲および偵察機は除外した。
5．沖縄南洋諸島および中国の漢口、南京、上海ほか各地、満州の鞍山、本溪湖、朝鮮、台湾、南方各地に対するB29等の来襲は、本表から除外した。
6．近畿以東来襲のP51等小型機は、ほとんど硫黄島から。

月日	時刻	来襲機種(機数)	敵の主要攻撃地区等	邀撃機数	戦果(機)	損害(機)	備考
昭19 6．16	0130~0330	B−29　63 B−24　数機	北九州倉幡地区 八幡製鉄所	延　24	撃墜　7 (内不確実3) 撃破　4	被弾機　1 軍民死傷数百人	B29、成都より本土初空襲。指揮官ウォルフ准将
7．8	0019~0401	B−29　18	長崎、佐世保、大村	53	戦闘なし	ほとんどなし	雲上盲爆。指揮官サンダース准将。成都より
8．5	1330~1520	B−29　1	福岡、小倉	3	撃墜　1	な　し	成都より。偵察機
8．11	0040~0200	B−29　29	長崎、倉幡地区、島根			ほとんどなし	成都より。雲多く盲爆。サンダース准将
8．20	1632~1748	B−29　80	八幡製鉄所、倉幡地区、佐世保、長崎、大村	陸　87 海　39	撃墜　24 不確実撃墜　13 撃破　27	撃墜　2 大破　4	成都より。サンダース准将。八幡製鉄所被害。初の体当たり機出す(野辺、高木機)

月日	時刻	来襲機種(機数)	敵の主要攻撃地区等	邀撃機数	戦果(機)	損害(機)	備考
8．21	0022~0140	B−29　20	八幡製鉄所 倉幡地区	33	なし	墜落　2	成都より。サンダース准将。雲多く被害なし
10．25	0955~1113	B−29　56	大村海軍航空廠、長崎、佐世保、大牟田	海軍延77　陸軍不明	撃墜　5 撃破　19	不明	大村海軍航空廠等に相当被害あり。成都より。ルメイ少将
11．11	0934~1000	B−29　29	大村海軍航空廠 長崎、福岡				台風中のため戦闘なし、雲上投弾。成都より。ルメイ少将。以下同じ
11．21	0945~1030	B−29　109	大村海軍航空廠 佐賀、大牟田、熊本	海軍延59　陸軍不明	撃墜　14 不確実　11	撃墜　4	大村海軍航空廠大被害。体当たり1機。成都より
11．24	1210~約2時間	B−29　80	東京、中島飛行機武蔵工場		撃墜　5 撃破　9	体当たり　1 撃墜　6	第1回東京空襲。マリアナより。ハンセル准将
11．27	1300~1430	B−29　62	東京、浜松				雲上爆撃。マリアナより。ハンセル准将
11．30	0000~0550	B−29　40	東京				東京初の夜間爆撃。雲上爆撃のため敵との交戦なし。マリアナより。ハンセル准将
12．3	1430~1510	B−29　76	東京、中島飛行機武蔵工場その他		撃墜　23 (内不確実6)	体当たり　3 撃墜　3	マリアナより。 ハンセル准将
12．13	昼間	B−29　80	名古屋、三菱重工業工場中心		撃墜　4 撃破　6		マリアナより。ハンセル准将。名古屋初空襲。三菱被害大
12．18	昼間	B−29　63	同上		撃墜　10 撃破　16	撃墜　4	マリアナより。ハンセル准将。三菱被害大
12．19	午前	B−29　40	大村海軍航空廠中心		撃墜　17 撃破　20		成都より。 ルメイ少将

月日	時刻	来襲機種(機数)	敵の主要攻撃地区等	邀撃機数	戦果(機)	損害(機)	備考
12．22	1300~1500	B－29　78	名古屋、三菱重工業工場		撃墜　4 撃破　32	撃墜　4	マリアナより。ハンセル准将。焼夷弾攻撃
12．27	1230~1400	B－29　72	東京、中島飛行機武蔵工場中心		撃墜　14 (内不確実5) 撃破　32	体当たり　2 撃墜　2	マリアナより。ハンセル准将。中島飛行機被害少なし
12．27	2020~2220	B－29　数機	土浦、下館、川越八王子、沼津				マリアナより。ハンセル准将。被害なし
昭20 1．3	1400~1500	B－29　97	大阪市街 名古屋市街		撃墜　12 撃破多数(大阪) 撃墜　5 撃破7(名古屋)	撃墜　2	名古屋市は焼夷弾。マリアナ基地より。ハンセル准将
1．6	1000~	B－29　80	九州西部(大村)		撃墜、撃破 十数機		成都からの最終空襲ルメイ少将
1．9	1330~1500	B－29　72	東京、中島飛行機武蔵工場、横浜、藤枝、沼津		撃墜　15 (内不確実4) 撃破　13	体当たり　3 撃墜　3 大破　8 小破　9	マリアナより。 ハンセル准将
1．9	昼　間	B－29　20 B－29　20	名古屋 三重、和歌山				マリアナより。 ハンセル准将
1．14	1440~1530	B－29　73	名古屋、三菱重工業工場		撃墜　9 撃破　34	撃墜　1	マリアナより。 ハンセル准将
1．19	1330~1430	B－29　80	阪神、川崎航空機明石工場		損害　23	未帰還　3	マリアナより。ハンセル准将。川崎航空機損害大
1．23	1440~1600	B－29　90	名古屋、三菱重工業工場		撃墜　13 撃破　9 損害　50	未帰還　6	マリアナより。ルメイ少将。三菱損害少(以下、全部ルメイ少将)
1．27	1400~1530	B－29　74	東京、中島飛行機武蔵工場及び東京市街地		撃墜　22 損害機多数	自爆、未帰還12	マリアナより。 東京の損害大

月日	時刻	来襲機種(機数)	敵の主要攻撃地区等	邀撃機数	戦果(機)	損害(機)	備考
2．4	1330~1600	B−29　100	神戸東部、松阪、大垣		撃墜　6 撃破　30以上	撃墜　7	マリアナより。ルメイの焼夷弾攻撃シリーズ。神戸の被害大
2．10	1500~1540	B−29　100	群馬県中島飛行機太田工場		撃墜　18 撃破　11	撃墜　7	マリアナより。 中島飛行機被害大
2．15	1330~1500	B−29　60	名古屋、三菱重工業工場、浜松、中島飛行機工場		撃破　17	未帰還　1	マリアナより。 三菱被害大
2．16	0700~1600	艦上機 延2000以上	東部、東海地区飛行場、船舶、交通機関を攻撃	延 879	撃墜　175 撃破　81以上 別に海軍 撃墜　98 撃破　3以上 合計 撃墜　273 撃破　84以上	自爆、未帰還 陸軍　52 海軍　30	機動部隊
2．17	0700~1600		同　上				機動部隊
2．19	1430~1540	B−29　約100	東京周辺工場及び市街攻撃		撃墜　21 (内体当たり2)	自爆　4	マリアナ
2．25	0730~1100	艦上機　延600	関東地区飛行場、工場、交通機関攻撃	実働 100	撃墜　21 損害　40	大破　5	機動部隊及びマリアナ。ルメイ。宮内省主馬寮付近、大宮御所、守衛所付近にも爆弾投下
	1420~1530	B−29　150	東京市街地焼爆攻撃				
3．4	0840~0950	B−29　約150 4梯団	東京焼爆攻撃	せず			マリアナ
3．10	0015~0230	B−29　約110 10 10	東京市街地焼夷弾攻撃 千葉 盛岡、仙台、水戸	延　42	撃墜　15 撃破　50	焼失　24万戸 罹災者　105万人 死者　2万人 負傷　4万人	被害甚大 焼夷弾 マリアナ
3．12	0020~0320	B−29　約130	名古屋焼爆攻撃	延　14	撃墜　22 撃破　60	全焼　25,478戸 半焼　812戸 死者　146人 負傷　444人	熱田神宮被害あり マリアナ

月日	時刻	来襲機種（機数）	敵の主要攻撃地区等	邀撃機数	戦果（機）	損害（機）	備考
3．13	2315~0240	B—29　約90	大阪焼夷弾攻撃	延　23	撃墜　11 撃破　62	焼失　115,500戸 罹災者 442,900人 死者　142人 負傷　781人	マリアナ
3．17	0227~0445	B—29　約60	神戸市街焼夷弾攻撃	延　27	撃墜　20 撃破　40	焼失　68,000戸 罹災者約27万人 死者　約350人 負傷　約820人	マリアナ
3．18	0615~1717	艦上機 延1,400	主として九州南部飛行場攻撃、九州東部、一部四国、和歌山県来襲		撃墜　46 撃破　2		7 F、98 Fは敵機動部隊攻撃実施 機動部隊
3．19	0635~1640	艦上機 延1,100	阪神地区飛行場及び瀬戸内海艦船を攻撃、一部九州の飛行場を来襲		撃墜　37 撃破　32 海軍撃墜破153	炎上　3 大破　5 中小破　9	
	0205~0450	B—29 約160	名古屋都心部焼爆攻撃		撃墜　4 撃破　82	焼失　37,418戸 罹災者 150,518人 死者　540人	飛行機工場の生産本土空襲前の40パーセントに低下 マリアナ
3．25	2357~0116	B—29 約130	名古屋市街地焼爆攻撃		撃墜　16 撃墜確実　8 撃破　75	焼失　3,372戸 破壊　3,208戸 罹災者26,698人	マリアナ
3．27	1017~1200	B—29 約150	大分、太刀洗、大村飛行場、飛行機工場攻撃	延　28	撃破　2	炎上　23 別に格納庫炎上により50機炎上の模様 6FA関係 炎上　3 大破　2	マリアナ
	2230~0005	B—29　約70	倉幡地区攻撃 関門海峡に機雷投下	延　25	撃墜　10以上		
3．28	1645~1754	艦上機 約130	九州東岸、鹿屋、鹿児島に来襲、四国船舶及び航空施設を攻撃	15		兵舎１炎上 漁船２沈没	機動部隊

月日	時刻	来襲機種(機数)	敵の主要攻撃地区等	邀撃機数	戦果(機)	損害(機)	備考
3．29	0650～1630	艦上機 延500	高知、松山、宮崎鹿児島、佐世保付近攻撃				
3．30	2220～0017	B－29 約20	主力伊勢湾機雷投下、一部名古屋爆撃				
3．31	2220～0017	B－29 約30	周防灘、豊後水道長崎南方海域機雷投下				
	1010～1145	B－29 約170	太刀洗、鹿屋、大村飛行場攻撃		撃破 9	大村 炎上8(海) 太刀洗航空会社全焼 炎上340	マリアナ
4．2	0200～0340	B－29 約50	武蔵野、立川付近軍需工場焼爆攻撃	46 AA 1,383発	撃墜15(海2) 撃破32(海2)		マリアナ
4．4	0100～0400	B－29 約90	太田、立川付近工場、京浜及び静岡地区焼爆攻撃	12 AA 2,200発	撃墜 3	焼失 486戸 破壊 1,246戸 死者 351人 負傷 382人 行方不明 30人	マリアナ
4．7	1000前後	B－29 約90 P－51 約30	東京西部の工場攻撃	119	撃墜 12 撃破 30	自爆 8 未帰還 8 大破 5	マリアナ
	1000～1250	B－29 約150	名古屋焼爆攻撃、静岡、浜松にも投弾	13HA 39 15HA 59	撃墜 16 撃破 50	自爆 1 未帰還 2 大破 6	マリアナ
4．8		艦上機 数十機	鹿児島、宮崎				機動部隊
4．12	1016～1100	B－29 約100 約50	中島武蔵工場攻撃 郡山工場地帯攻撃	陸 113 海 42	撃墜 1 撃破 7	自爆 3 未帰還 8 大破 4	マリアナ
4．13	2240～0240	B－29 約170	東京焼爆攻撃	延 86	撃墜 41(海3) 撃破 80	未帰還 2 自爆 1 焼失 10万戸	宮城の一部、大宮御所、明治神宮等焼失 マリアナ

月日	時刻	来襲機種(機数)	敵の主要攻撃地区等	邀撃機数	戦果(機)	損害(機)	備考
4．15	2200～0050	B－29 約200	京浜西南部市街地焼爆攻撃	延 56	撃墜 70(海10) 撃破 50以上	自爆 1 大破 6 東京 全焼 55,743戸 罹災者 304,412人	被害順 蒲田、大森、鳥井坂 目黒、東調布、大井 愛宕、碑文谷、荏原 マリアナ 機動部隊
4．15		艦上機 150	鹿児島、宮崎				
4．16	1230	戦爆 約100	九州南部飛行場攻撃				沖縄より
4．17	1400～1530	B－29 約80	九州来襲(鹿児島、宮崎、熊本)				マリアナ
4．18		B－29 約100	宮崎、鹿児島、福岡				マリアナ
4．19	0950～	B－29 3 P－51 約60	調布、厚木付近飛行場攻撃	21	撃墜 4 撃破 3	炎上 5 自爆 3	
4．21	0630～0930	B－29 約200	主力南九州、一部北九州、主として飛行場攻撃	48	撃墜 1 撃破 2	大破 2 中破 1	マリアナ
4．22	1105～1140	B－29 4 P－51 40	明野飛行場、波切宇治山田、松阪を攻撃		撃墜 6 撃破 6	自爆 3 炎上 13 被弾 13	
	0700～0900	B－29 約120 艦上機 約30	宮崎、鹿児島県下の飛行場攻撃	39	撃破 2		
4．24	0835～0910	B－29 約120	主力立川付近工場一部清水を攻撃	陸 38 海 10	撃墜 13 撃破 33		マリアナ
4．26	0550～0750	B－29 約100	九州、山口県に来襲	39	撃破 3		マリアナ
4．27	0800～0900	B－29 150	南九州飛行場攻撃	41			
4．28	0820～1030	B－29 約130	南九州飛行場攻撃		撃墜 4		
4．29	0620～0730	B－29 約100	南九州飛行場攻撃				

月日	時刻	来襲機種(機数)	敵の主要攻撃地区等	邀撃機数	戦果(機)	損害(機)	備考
4．30	0950~1025	B−29 約100 P−51 約100	立川、厚木、平塚浜松攻撃	約120	撃墜 2 撃破 12	未帰還 1 自爆 1	マリアナ
		B−29 60数機	宮崎、鹿児島、大分				マリアナ
5．1		B−29 6機	九州				マリアナ
5．3	1400~	B−29 80	九州各地飛行場攻撃（久留米、鹿児島、宮崎）		撃墜 2 撃破 7		マリアナ
5．4	0800 0030	B−29 30 20 15	大分 大村 関門海峡機雷投下		撃墜 2 撃破 2		マリアナ
5．5	1040	B−29 112 28 38	呉 大分周辺飛行場 鹿児島周辺飛行場 北九州、鹿児島 広島				マリアナ
5．7	0800	B−29 60	九州	28	撃墜 4 撃破 7	未帰還 2 自爆 2	マリアナ
5．8	0730 1130	B−29 30 P−51 65 B−29 少数	九州飛行場(大分、宮崎、鹿児島) 千葉、茨城付近飛行場 軍需工場攻撃				マリアナ
5．9		B−29 60機	関門		撃墜 2 撃破 2		マリアナ
5．10	0800	B−29 350	岩国、徳山、呉、松山攻撃、九州		撃墜 2 撃破 2		マリアナ
5．11	0700	B−29 20	北九州来襲				
	0830~0900	B−29 60	神戸攻撃				
5．12	0950	B−29 60	阪神攻撃	40	撃破 31	未帰還 1 破壊 1	

月日	時刻	来襲機種（機数）	敵の主要攻撃地区等	邀撃機数	戦果（機）	損害（機）	備考
5．13	0530～1930	艦上機 920	九州南部に来襲 鹿児島、宮崎、大分				機動部隊
5．14	0700～0946 昼間	B－29 400 艦上機 延 725	名古屋市街焼弾攻撃 九州各地飛行場攻撃（南九州、福岡）	109	撃墜 9 撃破 24	焼失 2万戸	マリアナ 機動部隊
5．17	0210～0410	B－29 100	名古屋攻撃	18	撃墜 9 撃破 22		熱田神宮本殿焼失 マリアナ
		P－51 40 B－29 17	京浜 関門				硫黄島 マリアナ
5．19	0040 1020～1130 1030	B－29 30 10 B－29 100 B－29 200	若狭湾機雷投下 豊後水道機雷投下 関東地区各方面盲爆 浜松、静岡、豊橋爆撃				マリアナ
		B－29 30	関門				
5．21	0000～0100	B－29 20	四国、山口県南部 関門				マリアナ
5．23	0020～0140	B－29 20	関門機雷投下		撃墜 4 撃破 4		マリアナ
5．24	0140～0340	B－29 250	東京焼弾攻撃、一部静岡、浜松攻撃	140	撃墜 約30 撃破 30		宮城被害 マリアナ
	1500～1700	艦上機 180	九州南部来襲				マリアナ
	2330	B－29 20	新潟、富山湾機雷投下、中部地方				
5．25	1200～1230	B－29 3 P－51 65	関東地区飛行場攻撃	延 35	撃墜（P－51）1	未帰還 1 自爆 2 大破 3 炎上 3	マリアナ 硫黄島
	2340～0100	B－29 250	東京、川崎、横浜浦和、静岡、浜松焼弾攻撃	63	撃墜 47 （内海軍22） 撃破 20	被害甚大	マリアナ

資料Ⅰ　日本本土空襲一覧表(1)

月日	時刻	来襲機種(機数)	敵の主要攻撃地区等	邀撃機数	戦果(機)	損害(機)	備考
5．25		B－2910数機 B－29　6	関門 西日本海				マリアナ
5．26		B－29　16	福岡				マリアナ
5．27		大型20余機 B－29　11	中国、近畿 関門、山口県		撃墜4、撃破7		マリアナ
5．28	1235 1000～1600	B－29　7 P－51　30 戦爆　70	千葉、茨城飛行場 攻撃 南九州来襲		撃墜　3		マリアナ 沖縄(南九州の分)
5．29	0827～1040	P－51　100 B－29　500	主力横浜、一部川崎、東京焼爆攻撃	64	撃墜　30 (内海軍7) 撃破　42 (内海軍8以上)	未帰還　2	マリアナ
6．1	0840～1050	B－29　400	大阪北部焼爆攻撃 尼崎		撃墜　47 撃破　83	未帰還　2 大破　3	マリアナ
		P－51　11	紀伊半島				硫黄島
6．2	0800～1000	小型機　260	南九州飛行場攻撃 宮崎、熊本		撃墜　31	炎上　5	沖縄
6．3	0800～0900	小型機　172	南九州攻撃		撃墜　8	炎上　3	沖縄
6．5	0600～0730	B－29　350	神戸、西宮、芦屋 無差別攻撃	75	撃墜　56 撃破　144	未帰還　2	マリアナ
6．6	1500～	戦爆　300	南九州来襲				沖縄
6．7	1000～1310	B－29　250	大阪北部、尼崎 焼爆攻撃	42			マリアナ
		小型機　60	南九州				沖縄
6．8	1210～1330	小型機　240 別に同上　75 B－29　9	南九州飛行場攻撃 関門、福岡、 鹿児島				マリアナ 機動部隊
6．9	0740～0900	B－29　130 B－29　45 P－51　60	尼崎、明石攻撃 名古屋焼爆攻撃 明野、各務ヶ原飛行場攻撃	66	撃墜　3 撃破　18		阪神工場残存比率60% マリアナ 硫黄島

月日	時刻	来襲機種（機数）	敵の主要攻撃地区等	邀撃機数	戦果（機）	損害（機）	備考
6．10	0700～0900	B－29 300 P－51 70	浜松、立川、千葉霞ヶ浦、東京等攻撃	12HA 78 13HA 32			マリアナ 硫黄島
		B－2910数機 小型機 27	九州、山口、鹿児島		撃墜 1		マリアナ及び沖縄
6．11	1135～1220	B－29 2 P－51 50	立川、調布付近飛行場攻撃、京浜、静岡	海軍15			マリアナ 硫黄島
	2230～2350	B－29 17	若狭湾機雷投下				
		小型機 40	南九州				沖縄
6．12	0050～0150	B－29 20	関門機雷投下、山口西部				マリアナ
		艦上機40数機	鹿児島、宮崎				機動部隊
6．13	夜	B－29 10 B－29 10	新潟港機雷投下 周防灘機雷投下				マリアナ
6．15	0845～0945	B－29 約300以上	大阪北部、尼崎、西宮、神戸、堺、和歌山等、大阪市東部	44	撃墜 1 撃破 1	焼失 大阪 35,000戸 尼崎 10,000戸 西宮 1,300戸	マリアナ
6．16	0035	B－29 10	主力相模湾、一部富山湾機雷投下				マリアナ
6．17	2230～(18)0350	B－29 140	大牟田、長崎、鹿児島、関門攻撃			大牟田20,000戸 鹿児島 3,500戸 福岡 15,000戸	マリアナ
6．18	0126～0330	B－29 50	浜松焼夷攻撃	4		焼失 20,431戸 死80、傷194人	マリアナ
		B－29 30	四日市焼夷攻撃			焼失 11,780戸 死167、傷194人	マリアナ
	2309～0310	B－29 60 10	福岡焼夷攻撃 関門機雷投下			焼失 5,000戸	マリアナ
6．19	2309～0310	B－29 30 10	若狭湾機雷投下 新潟港機雷投下	12HA 38 13HA 延 10			マリアナ
	2309～0310	B－29 90 110	豊橋焼夷攻撃 静岡焼夷攻撃			50%焼失 大部分焼失	マリアナ

月日	時刻	来襲機種(機数)	敵の主要攻撃地区等	邀撃機数	戦果(機)	損害(機)	備考
6．20	0820~0900	戦爆　30	大村来襲				沖縄
6．22	0700~0840	B−29　140 B−29　200	岡山工場地帯 呉海軍工廠	延　58	撃墜　10 撃破　16	呉地区被害大	マリアナ
		B−29　50	各務ヶ原航空施設周辺	延　64	撃墜3、撃破17		マリアナ
6．23	0710~0800	戦爆　30	九州西部				マリアナ
	1230~	B−29　3 P−51　75	茨城県下飛行場				マリアナ 硫黄島
6．26	0800~1000	B−29　170	名古屋、各務ヶ原 岐阜	41	撃墜　27 撃破　104	在地機 岐阜　25 各務ヶ原　35	マリアナ
		B−29　190	大阪、明石、津、 京都、高知、徳島 彦根、大津(京阪神)	65			マリアナ
	夜	B−29　30	四日市				マリアナ
	深更~ 27未明	B−29　13	九州、中国へ機雷投下				マリアナ
6．28	深更~ 29未明	B−29　18 B−29　3	関門付近 岡山市付近				マリアナ
		B−29　60	関門、佐世保				マリアナ
6．29	夜	B−29　15	山口県下松				マリアナ
		B−29　10	大阪湾機雷投下				マリアナ
		B−29　70	岡山				
		B−29　10	延岡				
		B−29　30	佐世保				
		B−29　30	関門				
		戦爆　40	鹿屋				
6．29		B−29　10 B−24　2 B−29　2	若狭湾に機雷投下 勝浦(房州)付近同 室蘭同		撃墜　1 撃破　1		マリアナ (B24は沖縄)
6．30		B−29　10	酒田海湾に機雷投下				マリアナ

月日	時刻	来襲機種（機数）	敵の主要攻撃地区等	邀撃機数	戦果（機）	損害（機）	備考
7．1	1400～1440	B－29 3 P－51 83	浜松飛行場攻撃				マリアナ 硫黄島
	未明～夕刻	戦爆 340	鹿屋、久留米、八代、長崎攻撃				
	2350～ 1時間半	B－29 60 〃 70 〃 30 〃 10	熊本、延岡焼夷攻撃 呉 →門司焼夷攻撃 宇部→下関 〃 周防灘機雷投下	関門地区 14		呉、宇部被害大	
7．2	2350～1時間半	B－29 15	海南				
		B－29 150	呉市、宇部市				マリアナ
		B－29 70	下関				マリアナ
7．3	0020～ 1時間	P－51 50 P－47 50 中小型機 —	出水、鹿屋飛行場攻撃 佐世保、大村攻撃		撃墜 5		沖縄
	夜	B－29 110 80 7 150 25	下関、延岡攻撃 米子機雷投下 呉 〃 姫路、淡路攻撃 若狭湾機雷投下 高松、徳島、高知攻撃 関門機雷投下	関門地区 11 AA 142発	関門地区 撃墜 1 撃破 4		
		B－29 15	海南市西南				マリアナ
7．4	1200～ 1時間	P－51 120 戦爆 120	霞ヶ浦、矢田部、横芝飛行場攻撃 九州各飛行場攻撃				硫黄島 沖縄
7．5	1100～ 約1時間 1200～1430	P－51 100 B－25 9 戦爆 200	下館、西筑波、東金、横芝、勝浦攻撃 大村その他九州各地攻撃	31出動交戦せず			マリアナ 硫黄島 沖縄
7．6	1200～1315 1320～1530 2330～0330 2250～0200	P－51 90 戦爆 160 B－29 80 〃 60 〃 50 〃 80 〃 30	関東地区飛行場攻撃 九州各地攻撃 甲府 焼夷攻撃 清水 〃 千葉及曽我 〃 明石 〃 下津 〃			甲府 清水 千葉 明石 被害大	硫黄島 沖縄 マリアナ

月日	時刻	来襲機種(機数)	敵の主要攻撃地区等	邀撃機数	戦果(機)	損害(機)	備考
7．8	1220～1330	P－51　150	関東各飛行場攻撃		撃墜　1 撃破　2		硫黄島
7．9	2100～0200	B－29　100 〃　100 〃　25 〃　25	和歌山　焼爆攻撃 堺　〃 高知　〃 新宮　〃	東海12 中部37	B－29　撃墜9 撃墜42	岐阜 四日市 和歌山 堺 仙台　被害大	マリアナ (P51は硫黄島、戦爆は沖縄)
	2130～0230	〃　70 〃　40 〃　25	岐阜　〃 四日市　〃 福井　〃				
	0000～0230	〃　15	仙台　〃				
	夜間	〃　4 〃　6 〃　7	新潟　機雷投下 富山　〃 関門　〃				
	昼間	P－51　50 〃　40 戦爆　100	大阪付近　〃 浜松　〃 大村　〃	中部33 東部19 西部25 出動	P－51　撃墜1 撃破1	未帰還　2	
7．10	0517～1710	艦上機　1,224	関東地区飛行場延6波	AA 2,400発	AA　撃墜13 撃破27		機動部隊
	1230～1250	P－51　100	大阪付近飛行場攻撃	海軍 延　42 37出動	P－51　撃墜9 撃破2		硫黄島
	1140～1350	戦爆　140 B－29　7	熊本、八代攻撃 関門機雷投下	交戦せず 8出動	B－29　撃墜2 撃破2		マリアナ
7．11	0740～約30分	戦爆　165	九州南部飛行場宮崎攻撃				沖縄
7．12	夜	B－29　70 〃　20 〃　50 〃　90 〃　10 〃　40	宇都宮 郡山 鶴見 敦賀 若狭湾 宇和島			宇和島、被害大	マリアナ
7．14	0513～1840	艦上機　600	函館、室蘭、釧路帯広、根室、広尾		撃墜　14 撃破　10	釜石、製鉄所全滅市街60％焼失	機動部隊、1150釜石に艦砲射撃
	0445～1650	〃　437	青森、大湊、八戸釜石、三沢、石巻				
7．15	0455～1700	艦上機　600 〃　450	北海道各地 東北地区各地 (飛行場、船舶、鉄道、工場攻撃)		撃墜　28 撃破　11	釧路 根室 室蘭　被害大	0950室蘭に艦砲射撃 機動部隊
	1236～1340	P－51　100	東海地区飛行場交通機関攻撃				硫黄島
	0900～1000	戦爆　160	九州各地攻撃				沖縄

月日	時刻	来襲機種 (機数)		敵の主要攻 撃地区等	邀撃 機数	戦果(機)	損害(機)	備考
7.16	1225～1255	P－51	100	浜松、挙母飛行場攻撃				昼間艦載機再び北海道に来襲
	1005～1600	戦爆	230	宮崎、鹿児島、熊本、長崎攻撃				日豊線鉄橋攻撃
	2230～0235	B－29	120	湘南地区各都市攻撃				硫黄島
		〃	70	沼津				沖縄
	0100～0300	〃	90	桑名				マリアナ
	0010～1時間半	〃	30	大分				
7.17	0452～1200	艦上機	200	宮城、福島地区攻撃		11HA　撃墜6		機動部隊。沖縄 2315～0015　日立、水戸艦砲射撃
	0500～1220	〃	200	関東地区				
	昼　間	戦爆	130	南九州地区				
7.18	0500～1800	艦上機	1,200	関東、東北地区 (内250横須賀軍港)		撃墜　55 撃破　30		同　上 2350～2400　白浜(房総)艦砲射撃
	昼　間	戦爆	80	南九州地区				
7.19	0845～1000	P－51	60	各務ヶ原、小牧	54			
		〃	50	伊丹、京都 (飛行場、鉄道攻撃)				
	2310～0215	B－29	80	日立、高萩				硫黄島
		〃	60	銚子				マリアナ
		〃	80	岡崎				
		〃	130	福井				
		〃	50	西宮				
		〃	10	元山				
7.20	1156～1250	P－51	100	小牧飛行場、岡崎豊橋	12HA 4			硫黄島
7.22	1200～1240	P－51	200	伊丹、吹田、奈良岡山		P－51　撃破4		硫黄島
	2322～0057	B－29	30	下松、宇部				マリアナ
7.24	0525～1805	艦上機 P－38 P－51	1,450	東海以西地区飛行場、船舶、都市、鉄道攻撃	邀撃せず			
	0900～1100	B－29	300	名古屋、桑名				硫黄島 マリアナ
	〃	〃	200	大阪		撃墜　75		
	〃	〃	30	姫路		撃破　38		
	〃	〃	100	岡山、和歌山、神戸、高知				
7.25	0540～1500	艦上機	950	攻撃地区、目標前日に同じ		撃墜26、撃破17	大破以上　5	0000～0020　串本付近艦砲射撃
	2140～0100	B－29	50	川崎	35	B－29 撃墜　12～13		機動部隊。マリアナ

月日	時刻	来襲機種（機数）	敵の主要攻撃地区等	邀撃機数	戦果（機）	損害（機）	備考
7．26	2240～0115	B－29　60 〃　50	大牟田 松山、徳山	16出動 交戦せず		大牟田被害大	マリアナ
7．28	0540～1700 〃 〃 〃 0945～1200 2230～2300 0115～0145 2130～0300 〃 2130～0315 2300～0030 夜　間	艦上機　222 〃　1,660 〃　650 戦爆　240 P－51　270 B－29　120 〃　30～50 〃　120 〃　40 〃　60 〃　30 飛行便　5	東海地区 中部地区 九州地区 〃 関東地区 青森、平 焼津 一宮、大垣 津、宇治山田 下津 宇和島 四国西南岸着水偵察		撃墜　10 撃破　4		本日総来襲機数 昼　2,800機 夜　410〃 計　3,210〃 機動部隊 硫黄島 マリアナ
7．29	昼　間 2150～	戦爆　75 〃　50 〃　50 〃　26 〃　160 〃　120 B－29　20	熊本 長崎 対馬 大分 宮崎 呉 宇和島			新宮　被害30戸 天龍川橋梁破壊	○敵は次の都市攻撃を予告す。一宮、津、宇治山田、西宮、青森、大垣、郡山、宇和島、久留米、札幌、函館 ○2334～0025　新宮艦砲射撃 ○2310～0045　浜松艦砲射撃 沖縄。マリアナ
7．30	昼　間 1400～夕刻	艦上機　900 〃　513 〃　525 P－51　100 戦爆　379	関東地区 東海地区 中部地区 〃 （飛行場、船舶、鉄道、工場、都市、発電所攻撃） 九州地区	11FD 8～12 新宮方面艦船攻撃	撃墜　13 撃破　56 艦上機 撃墜　136 撃破　198		硫黄島 沖縄
7．31	0800～1230	戦爆　433 大型　6	九州地区（B29、B25） 清水、北海道、樺太				○敵は次の都市攻撃を予告す。 水戸、八王子、前橋、西宮、大津、舞鶴、富山、久留米、高岡、長野、福岡、長岡、三日市、鶴見 ○0006～0012　清水艦砲射撃。沖縄。マリアナ。機動部隊

月日	時刻	来襲機種（機数）	敵の主要攻撃地区等	邀撃機数	戦果（機）	損害（機）	備考
	0600～1400	戦爆 140	九州地区		P―51 撃墜1		
	2100～0205	B―29 150	鶴見、川崎		B―24 撃破2		
	〃	〃 130	水戸	延 79	B―29 撃墜10	未帰還 1	
	〃	〃 130	立川、八王子	AA	撃破27	大 破 5	
	〃	〃 55	長岡	1,944			
	〃	〃 60	富山	発			沖縄
8．1	〃	〃 25	清水、浜松、宇治山田				マリアナ
	〃	〃 10	清津機雷投下				硫黄島
	〃	〃 10	沖ノ島〃				
	〃	〃 11	浜田 〃				
	〃	〃 8	関門 〃				
	1040～	P―51 60	大阪				
8．2	昼 間	P―51 114	東海及び中部地区				PB-2Y、1機大佐田西方20粁着水偵察、硫黄島
			関東地区、2群				
8．3	1000～	P―51 100	宇都宮、香取、百里		撃墜 4		硫黄島
		B―29 5	原、小田原、大宮、		撃破 2		マリアナ
			所沢飛行場、川越				
		B―24 2	房総南岸付近		撃墜 1		
8．4		B―29 5	東海地方				マリアナ
			犬吠崎沖	荒鷲…浮上潜水艦撃沈1隻			
	1145～1250	P―51 78	関東地区飛行場	10FD			
			交通機関攻撃	延 77			
	昼 間	戦爆 220	九州	11FD			
	2130～0445	B―29 130	前橋、銚子、館山	5	B―29 撃墜4	未帰還 2	硫黄島
8．5			焼夷攻撃		（内2は高射砲		沖縄
	〃	〃 285	西宮、今治、宇部		による）		マリアナ
			焼夷攻撃		撃墜破8機		
	〃	〃 30	日本海沿岸及び				
			瀬戸内海機雷投下				
	0830～0930	B―29 4	関東地区(埼玉、群		P―51 撃墜7		
		P―51 120	馬、栃木、千葉、茨城)		撃破3		硫黄島
8．6	0815～	B―29 4	広島、原爆投下				マリアナ
	昼 間	戦爆 181	九州各地				沖縄
	0945～1050	B―29 70	豊川、戦爆連合				
		P―51 30	100機				マリアナ
8．7	昼 間	P―51 45	小田原、八王子、				硫黄島
			平塚、厚木				沖縄
	〃	戦爆 230	九州地区				

月日	時刻	来襲機種(機数)	敵の主要攻撃地区等	邀撃機数	戦果(機)	損害(機)	備考
8．8	1600～1650 1030～ 1030～ 2125～2220	B−29　100 B−29　50 P−51　50 P−51　70 B−29　60	東京(荻窪、田無、千住) 北九州及び中部地区 阪神地区 福山焼夷攻撃	10FD 20	撃墜　1		マリアナ 硫黄島
		戦爆　360 大中小型機260	近畿、中国、四国、九州(ＰＢ4Y、Ｂ29、Ｂ24、Ｐ51、Ｐ38) 北九州、長崎		撃墜12、撃破12		マリアナ 沖縄
8．9	0600～1720 1140～ 0910～1230 2340～0206 未　明	艦上機 1,600 B−29　2 戦爆　300 B−29　100 ソ連機　16	東北地区９波来襲 長崎原爆投下 九州地区 尼崎その他、海南市南方 朝鮮	6FA 艦砲射撃部隊攻撃部署 11FD 6	撃墜　11 撃破　4 撃墜破 計　8		1252～1500　釜石艦砲射撃 機動部隊 沖縄 マリアナ
8．10	0520～1720 0930～1020 0800～1400	艦上機 2,600 B−29　100 P−51　50 戦爆　210 ソ連機　90	東北、房総 東京周辺工場地帯 東京東北部工場地帯 九州地区飛行場、船舶、熊本、大分焼夷攻撃 北朝鮮	10FD 延　9	艦上機　撃墜14 撃破13 小型機　撃墜８ 撃破９ 熊本、大分 撃墜　6 撃破　4	自爆　3 未帰還　3 大破　4 炎上　12	機動部隊 マリアナ 沖縄
8．11	1020～	戦爆　150	久留米焼夷攻撃				敵は一部攻撃を中止する旨発表　沖縄
		P−51　4 ＰＢＹ　2	福岡県芦屋上空 相模湾上空		撃墜　3 撃墜１、撃破１		沖縄 マリアナ
8．12	0940～ 0540～正午	戦爆　85 〃　300	松山焼夷攻撃 九州地区船舶、交通機関、市街攻撃		九州　撃墜　8		沖縄
8．13	0535～	艦上機　800	東北、関東地区飛行場、鉄道、工場市街攻撃		撃墜　17 撃破　25		機動部隊

月日	時刻	来襲機種 (機数)	敵の主要攻 撃地区等	邀撃 機数	戦果(機)	損害(機)	備考
8.14	1030~ 0900~1040 1230~ 2340~0440	P−51　100 戦　爆　70 B−29　100 B−29　150 B−29　250	三重、愛知、岐阜各県 近畿 大阪 九州地区 関東、福島、新潟地区				硫黄島 マリアナ
8.15	0530~0730	艦上機　250	関東地区				機動部隊

資料Ⅱ　日本本土空襲一覧表(2)（昭和19年6月～昭和20年8月）

（備考）　本表は、日本本土空襲一覧表(1)にもとづき、著者が作成したものである。少数機、偵察機は除外した。

	B−29		B−24その他大型機		P−51ほか小型機		戦爆連合		戦爆、艦上機連合		艦上機		合計	
	回数	機数	回数	機数	回数	機数	回数	機数	回数	機数	回数	機数	回数	機数
昭和19年6月	1	63	1										2	63
7月	1	18											1	18
8月	4	130											4	130
9月														
10月	1	56											1	56
11月	5	320											5	320
12月	7	409											7	409
昭和20年1月	8	606											8	606
2月	7	510									3	延2,600	10	3,110
3月	12	1,290									4	延3,130	16	4,420
4月	20	2,167			4	230	1	100			3	180 外数十機	28	2,677 外数十機
5月	31	2,969	1	約20	5	300	1	70			3	延1,825	41	5,184
6月	39	3,445	1	2	9	825	4	400			3	355	56	5,027
7月	63	3,778	2	11	18	1,813	16	3,358	1	1,450	16	9,343	116	19,753
8月	29	1,999	2	4	12	1,081	11	2,246			4	4,800	58	10,130
合計	228	17,760	7	37	48	4,249	33	6,174	1	1,450	36	22,233	353	51,903

資料Ⅲ　全国都市別空襲被害一覧表

（昭和二十四年四月七日、経済安定本部発行の「太平洋戦争による我国の被害総合報告書」による）

（備考）
(1) 人員被害数は、軍人、軍属を除く。
(2) 人員被害数総計は、死亡、重軽傷、行方不明者の合計である。
(3) 建物被害総数は、全焼、半焼、全壊、半壊の合計である。
(4) 人員被害数の総計が、九十人未満の都市は省略した。
(5) 摘要欄に◎のあるものは、艦砲射撃による被害もふくむ。
(6) 艦砲射撃等による人員被害総計は三二八二人。

地方名	都市名	人員被害数		建物被害総数(戸)	摘要
		総計	内死亡		
北海道	室蘭	572	393	1,143	◎
	釧路	666	368	2,681	
東北	青森	1,763	906	10,059	
	釜石	1,145	550	4,421	◎
	仙台	2,755	998	11,945	
	郡山	553	376	446	
関東	水戸	1,535	242	10,104	
	日立	2,199	1,266	14,750	◎
	土浦	188	76	1,262	◎
	宇都宮	1,679	534	10,600	
	前橋	1,286	570	10,827	
	伊勢崎	94	21	1,946	
	熊谷	684	334	3,750	
	千葉	1,679	898	8,904	
	銚子	1,181	332	5,338	
	東京	216,988	97,031	713,366	
	横浜	18,830	4,616	93,793	
	横須賀	107	17	305	
	川崎	2,525	1,001	35,635	
	平塚	518	226	6,838	
	小田原	90	48	402	
中部	長岡	1,492	1,143	11,986	
	富山	5,936	2,149	22,885	
	福井	3,143	1,576	21,621	
	敦賀	536	182	4,119	
	甲府	2,112	1,027	18,080	
	岐阜	1,427	870	19,529	
	大垣	256	34	4,756	
	静岡	7,451	1,813	25,487	
	浜松	4,149	2,447	31,108	◎
	沼津	956	321	11,883	◎

地方名	都市名	人員被害数		建物被害総数(戸)	摘要
		総計	内死亡		
中部	清水	754	351	8,835	◎
	磐田	222	162	540	
	名古屋	18,759	8,076	136,556	
	豊橋	1,248	565	19,953	
	岡崎	850	156	8,378	
	一宮	1,536	572	9,654	
	半田	334	134	494	
	豊川	2,699	1,408	706	
近畿	津	2,724	1,885	12,672	
	四日市	2,591	855	10,854	
	桑名	778	416	6,835	
	宇治山田	341	101	4,950	
	京都	287	82	441	
	大阪	35,467	9,246	328,237	
	堺	2,930	1,417	14,806	
	吹田	95	26	5	
	布施	215	26	3	
	豊中	311	234	15	
	神戸	23,353	6,789	131,528	
	姫路	1,268	583	12,424	
	尼崎	1,131	471	12,457	
	明石	1,662	1,360	9,827	
	西宮	2,672	872	21,438	
	芦屋	1,151	788	7,600	
	和歌山	5,964	1,300	28,420	
	新宮	318	81	443	◎
中国	岡山	2,713	1,678	25,032	
	広島	129,558	78,150	67,860	
	呉	4,887	1,939	23,589	
	福山	1,107	308	10,028	
	下関	1,383	324	6,734	
	宇部	879	254	6,232	

地方名	都市名	人員被害数		建物被害総数(戸)	摘要
		総計	内死亡		
中国	徳山	2,001	596	4,127	
	下松	142	121	227	
	岩国	956	696	1,183	
	光	905	369	157	
四国	徳島	2,220	570	18,117	
	高松	2,147	927	18,953	
	松山	1,142	383	13,548	
	今治	1,285	522	8,276	
	宇和島	623	240	6,035	
	新居浜	104	13	101	
	高知	712	401	12,407	
九州	福岡	2,032	953	14,106	
	門司	421	161	3,891	
	小倉	201	137	119	
	八幡	2,952	1,996	14,273	
	戸畑	150	72	359	
	久留米	120	120	4,506	
	大牟田	2,351	780	11,082	
	長崎	65,680	23,753	19,587	
	佐世保	1,366	1,030	12,106	
	熊本	1,034	469	10,676	
	大分	447	177	3,366	
	佐伯	95	47	221	
	大村	83	59	619	
	宮崎	290	123	2,397	
	都城	96	96	1,945	
	延岡	393	217	3,838	
	鹿児島	4,267	2,427	21,961	
	川内	203	72	1,780	

資料Ⅳ　大東亜戦争中の全国空襲被害一覧表（昭和十六年十二月八日〜同二十年八月十五日）

区分	総人口（人）	全般被害					市制施行地被害			
		死者（人）	傷者（人）	全壊全焼（戸）	半壊半焼（戸）	罹災者（人）	死者（人）	傷者（人）	全壊全焼（戸）	罹災者（人）
北海道	三、二五六、一五七	七〇〇	五〇〇	二、〇〇〇	六〇	一五、〇〇〇	九九六	三五三	一、九三〇	一五、四〇〇
東京	七、二七一、〇〇一	一〇〇、〇〇〇	八〇、〇〇〇	七六〇、〇〇〇	一五、〇〇〇	三、〇〇〇、〇〇〇	八七、七七五	六〇、七八四	七五九、三九五	二、九一五、四八三
京都	一、六三五、五二八	八〇	三〇〇		一〇	六六〇				
大阪	四、四一二、九五三	一三、〇〇〇	二五、〇〇〇	三四〇、〇〇〇	一〇、〇〇〇	一、三五〇、〇〇〇	一〇、二九七	二四、二三三	三二四、四六九	一、一七一、一九五
神奈川	二、四七四、三五四	六、〇〇〇	一七、〇〇〇	一五六、〇〇〇	五、〇〇〇	六五〇、〇〇〇	五、六八七	一六、三六七	一四四、五六九	六三八、六七〇
兵庫	三、二三四、三七六	六、五〇〇	一三、〇〇〇	一七〇、〇〇〇	五、〇〇〇	七〇〇、〇〇〇	五、一三九	一一、〇八三	一四七、九五六	五八四、一八四
長崎	一、四九〇、八九〇	二五、〇〇〇	五五、〇〇〇	三五、〇〇〇	二五、五〇〇	二〇〇、〇〇〇	二〇、七九四	五〇、四四六	三四、三五三	一八四、三六一
新潟	一、九九四、八一七	三五	二、五〇〇	九、五〇〇	一〇〇	五〇、〇〇〇	三〇〇	二、〇〇〇	九、〇〇〇	五〇、〇〇〇
埼玉	一、六四七、六二五	二〇〇	三〇〇	五、〇〇〇	二五〇	三五、〇〇〇	三〇	七〇	四、五〇〇	三五、〇〇〇
群馬	一、三一九、五一七	六〇〇	二、〇〇〇	一三、〇〇〇	二五〇	六〇、〇〇〇	三一	三三	七、五七三	一四、〇二八
千葉	一、六五九、三四五	八〇〇	一、〇〇〇	一五、五〇〇	三〇〇	七〇、〇〇〇	五一四	九七七	一四、九五六	六八、三三三
茨城	一、六五六、六七八	九〇〇	九〇〇	二七、〇〇〇	五〇〇	一一五、〇〇〇	七二一	五六八	二六、六五四	一一三、〇九一
栃木	一、二〇三、六七九	六〇〇	一、二五〇	一一、〇〇〇	二〇〇	五〇、〇〇〇	五三四	一、一四五	一〇、六〇〇	四八、〇〇〇

内務省防空総本部調査
昭和二十年八月二十三日

富山	八一九、六二四	五〇〇	一、五〇〇	二〇、〇〇〇	三〇〇	八〇、〇〇〇	五〇〇	一、五〇〇	二〇、〇〇〇	八〇、〇〇〇
石川	七四三、六七二									
福井	六二一、九三三	九〇〇	一、九〇〇	二八、〇〇〇	二五〇	三、〇〇〇	八八七	一、八二九	二七、二三〇	一二四、一五〇
秋田	一、〇四八、七六九	五	一五	一五〇	三〇	九〇〇				
山形	一、〇三三、五六九									
青森	一、〇〇九、一〇四	七五〇	三〇〇	一五、〇〇〇	一五〇	一〇〇、〇〇〇	七二八	二八〇	一四、九五三	一〇六、八八二
岩手	一、一〇四、〇四九	四〇〇	四〇〇	三、七五〇	五〇	一九、〇〇〇	三八三	三五〇	三、六二三	一三、〇〇〇
福島	一、五九九、三九二	三五〇	二〇〇	一、四〇〇	三〇	六、〇〇〇	三三一	一四七	一、三八八	五、五〇〇
宮城	一、二七五、八六二	九〇〇	一、〇〇〇	三、〇〇〇	二〇〇	六〇、〇〇〇	八二〇	八三	二、四三	五六、〇二一
長野	一、六五〇、五二一	五	二〇	一九	一五	一五五				
岐阜	一、二六六、〇〇八	六〇〇	五〇〇	二四、五〇〇	五〇〇	一一〇、〇〇〇	五三〇	三四八	三、三二八	九七、八五〇
滋賀	六九一、九七二	二〇	五〇	三〇	一〇	二〇〇				
山梨	六三四、八九七	五〇〇	二、〇〇〇	一九、〇〇〇	二〇〇	九〇、〇〇〇	四四〇	一、六六七	一八、六一八	八六、九一三
静岡	二、〇二七、八五六	四、〇〇〇	二、〇〇〇	六九、〇〇〇	一、八〇〇	三〇〇、〇〇〇	三、七七六	九、四三四	五九、〇二六	二五六、六〇九
愛知	三、二八〇、二〇六	二、〇〇〇	一五、〇〇〇	一六〇、〇〇〇	四、五〇〇	六六〇、〇〇〇	八、二八一	一一、六五〇	一五三、八一六	六三九、六三九
三重	一、二〇九、二六六	一、六〇〇	三、五〇〇	二五、〇〇〇	五〇〇	一三〇、〇〇〇	一、四七六	三、一〇八	二三、七七九	一〇四、三二六
奈良	六〇六、七八九	一〇	二〇	五	一〇	八〇				

合計	七二、四七三、八三六	二五六、〇一五	四一九、一三五	三、三二〇、二六〇	八六、五七〇	九、二〇三、一二〇	二三〇、三三九	三六五、一一〇	二、一三三、〇一八	八、五〇一、六三七
鹿児島	一、五九四、〇〇九	二、〇〇〇	二、五〇〇	二八、〇〇〇	五〇〇	一二〇、〇〇〇	一、七五九	一、七三八	二七、六〇一	一〇二、一八八
宮崎	八三九、五五六	三〇〇	一、〇〇〇	四、〇〇〇	三〇〇	一五、〇〇〇	一八九	九〇四	三、五二一	一三、五七一
熊本	一、三七一、〇〇五	二七〇	三五〇	一〇、六〇〇	二〇〇	四五、〇〇〇	二六〇	三四八	九、九五三	四一、一一三
佐賀	七〇五、六五一	二〇〇	三〇〇	六、五〇〇	五〇〇	三五、〇〇〇				
大分	九七三、七〇七	一〇〇	五〇〇	三、〇〇〇	五〇〇	一五、〇〇〇	二六	一四三	二、五〇〇	一〇、〇〇〇
福岡	三、〇六六、四七三	一、〇〇〇	三、五〇〇	三〇、〇〇〇	一、〇〇〇	一三〇、〇〇〇	六八四	一、二七七	二四、一八八	一二四、一八九
高知	六九三、〇五三	三〇〇	九〇〇	一三、〇〇〇	二五〇	五三、〇〇〇	二七三	八〇〇	一三、〇〇〇	四九、〇〇〇
愛媛	一、一八六、四九一	一二〇	四〇〇	一八、〇〇〇	三〇〇	八二、〇〇〇	一〇〇	三〇〇	一七、四〇〇	八二、〇〇〇
香川	七一三、一三四	六〇〇	二、〇〇〇	一八、七〇〇	三〇〇	八〇、〇〇〇	六〇〇	二、〇〇〇	一八、六八三	八六、〇〇〇
徳島	七〇三、二六〇	七五〇	七〇〇	一八、〇〇〇	三〇〇	八〇、〇〇〇	七二七	六六九	一七、八五九	七一、三九五
和歌山	八四七、三八八	一、三〇〇	四、六〇〇	三二、二〇〇	五〇〇	一三五、〇〇〇	一、二〇八	四、五六〇	三一、一三七	一一三、五四八
山口	一、三五七、三六九	三〇〇	二、五〇〇	八、〇〇〇	一五〇	五七、〇〇〇	三三四	一、八六一	五、七七八	五七、〇〇〇
広島	一、九六二、九五〇	七二、〇〇〇	一五一、〇〇〇	九四、〇〇〇	一一、〇〇〇	二六五、〇〇〇	七一、八五三	一五〇、六三〇	九三、〇六六	二六五、〇〇〇
岡山	一、三三三、三六〇	一、五〇〇	一、〇〇〇	二五、四〇〇	三〇〇	一一〇、〇〇〇	一、四八〇	九〇八	二五、二五七	一〇四、九九九
島根	七二九、八一九									
鳥取	四七六、二八四	五	二〇	一〇	五	七〇				